A+U

住房城乡建设部土建类学科专业“十三五”规划教材

A+U 高等学校建筑学与城乡规划专业教材

建筑空间设计入门

邵 郁 孙 澄 主 编

于 戈 郭海博 副主编

中国建筑工业出版社

图书在版编目（CIP）数据

建筑空间设计入门/邵郁，孙澄主编. —北京：中国建筑工业出版，2021. 8

住房城乡建设部土建类学科专业“十三五”规划教材 A+U高等学校建筑学与城乡规划专业教材

ISBN 978-7-112-26348-6

Ⅰ.①建… Ⅱ.①邵… ②孙… Ⅲ.①空间-建筑设计-高等学校-教材 Ⅳ.①TU2

中国版本图书馆CIP数据核字（2021）第145704号

建筑空间设计是建筑设计的基础。本书主要内容涵盖建筑空间设计的知识点、技能训练和教学实施方案的编撰，每章设置“基础理论”“案例分析”“作业点评”“技能方法”四个部分。通过基础理论知识讲解，将建筑空间设计所涉及的空间、功能、界面、光影、单元组合以及设计认知与表达等核心知识点进行系统性理论归纳总结，帮助读者掌握基本概念；通过大师经典案例的分析，帮助读者加深知识理解；通过实录哈尔滨工业大学建筑设计基础课程以及学生作业点评，帮助读者掌控设计进程和设计深度。本书是一本适用于建筑学专业学习者的入门教材。

为了更好地支持相应课程的教学，我们向采用本书作为教材的教师提供课件，有需要者可与出版社联系。

建工书院：http://edu.cabplink.com

邮箱：jckj@cabp.com.cn　电话：（010）58337285

责任编辑：王　惠　陈　桦
责任校对：张　颖

住房城乡建设部土建类学科专业“十三五”规划教材
A+U高等学校建筑学与城乡规划专业教材
建筑空间设计入门
邵　郁　孙　澄　主　编
于　戈　郭海博　副主编
*
中国建筑工业出版社出版、发行（北京海淀三里河路9号）
各地新华书店、建筑书店经销
北京建筑工业印刷厂制版
河北鹏润印刷有限公司印刷
*
开本：787毫米×1092毫米　1/16　印张：10　字数：260千字
2021年9月第一版　2021年9月第一次印刷
定价：**49.00** 元（赠教师课件）
ISBN 978-7-112-26348-6
（37904）

本书编委会

主　编： 邵　郁　孙　澄

副主编： 于　戈　郭海博

编　委： 薛名辉　董　宇　叶　洋　连　菲　殷　青　周立军

前 言　　Preface

本书是针对“建筑设计基础”课程编写的教材，本教材适用于建筑学、城乡规划、风景园林、环境设计、智慧建筑与建造等专业的专业基础课程，也可以作为土木工程类专业相关课程的参考教材。希望有助于建筑教育授业者和相关专业的学生直观地了解建筑空间理论在教学实践中的应用情况，为教学设计和专业学习提供有益的参考。

本书的内容涉及建筑空间设计的知识点、技能训练和教学实施方案的编撰，其核心在于阐释贯穿建筑空间设计入门教学的这三者背后的逻辑关联。同时，本书也想引发对建筑空间设计基本问题的深入探讨，并对哈尔滨工业大学近十年来建筑设计基础课程教学成果进行总结。

本书既和哈尔滨工业大学建筑学院的建筑设计基础课程，以及在中国大学MOOC上线的国家精品在线课程“建筑设计空间基础认知”有相当紧密的结合，又不局限于此。针对教学成果的展示和总结则重点关注2012年至2018年的这一相对较短的时间段。同时，本书又试图避免成为单纯的教学记录。从本书的篇章结构上来看，共分为6章，除第1章“认识建筑空间”作为引言部分外，各章均由四部分组成，分别为“基础理论”“案例分析”“作业点评”“技能方法”；四个组成部分之间相互联系，其中，“基础理论篇”探讨建筑空间设计的基本理论；“案例分析篇”通过对典型建筑案例的解析帮助读者理解相关理论；“技能方法篇”介绍建筑空间设计研究与表达的基本技能与方法；“练习点评篇”则记录哈尔滨工业大学建筑设计基础课程的练习题目并对辅以作业点评。读者可以根据需要自行选择阅读方式，如仅阅读各章的基础理论篇或重点关注各章的技能方法篇等。

建筑是一门从“做中学”的学科，一个从尝试错误的废墟中创造美丽新世界的行业，我们深信建筑是可以“学”的。但建筑能不能够被“教”呢？本书作为哈尔滨工业大学近十年来教学成果的总结，希望能够告诉建筑的初学者如何学，并与各位建筑的授业者探讨“如何教”的问题。作为设计专业的教师，编者的很多观点都从教学中来，为教学服务，缺乏系统的理论探讨，难免不够严谨甚至有失偏颇。在此，感谢重庆大学建筑城规学院的卢峰教授作为本教材的主审专家，在编写过程中给予的宝贵建议。同时，也期待获得读者的批评指正。

目 录 Contents

第1章 认识建筑空间

第2章 建筑空间的形式之美

第3章 建筑空间的功能之用

第4章 建筑空间的界面材料

第5章 建筑空间的光影之术

第6章 建筑空间的体块组合

三十辐共一毂，当其无，有车之用。埏埴以为器，当其无，有器之用。凿户牖以为室，当其无，有室之用。故有之以为利，无之以为用。

——《道德经》

Chapter 1 第1章 Understanding of Architectural Space 认识建筑空间

对于与建成环境相关的专业来说，建筑空间是非常重要的一个专属名词，有的时候它甚至有点看不见、摸不着，对于初学的同学来说，它听起来有些抽象，但它其实是客观存在的。对空间的认识由来已久，而现代主义以来，由于强化抽象和个人表现主义，空间开始在艺术和建筑领域的研究中日益明确和系统化。对于任何建成环境来说，由于空间的存在，才会在其中发生活动，也使得环境生动起来，是空间让环境有生命力；与此同时，建筑也因为极具张力感的空间形式而充满魅力。所以在现代建筑理论中，空间越来越成为建筑学研究的核心问题。对建筑空间的认知和体验也是建筑空间设计的第一步。

1.1 什么是建筑空间

1.1.1 建筑空间的定义

空间的概念是伴随几何学而出现的。在日常生活中，空间这个词很常用，比如我们常说的物理空间、宇宙空间、网络空间、存储空间、思维空间等。现代汉语词典对空间的解释是“物质存在的一种客观形式，由长度、宽度、高度、大小（体积、形状不变）表现出来”[1]。

那么如何理解建筑环境中的空间呢？学术界普遍认为，建成环境中的空间概念是伴随着现代主义而被广泛认知的。19 世纪 70 年代，对艺术作品的审美体验就引入了哲学领域中的空间概念[2]，艺术领域对空间的认识对 19 世纪末到 20 世纪初的艺术创作、艺术心理学及美学理论的繁荣和发展起到了重要的推动作用，从客观上为现代建筑的产生提供了观念和思想基础。20 世纪 20 年代前后，“空间”一词开始大量地出现在现代建筑先驱的理论中，现代建筑教育的鼻祖包豪斯更是把对空间的教育作为基础课程[3]。1941 年，吉迪恩（Sigfried Giedion）出版了《空间·时间·建筑》（*Space, Time & Architecture*）一书，成为 20 世纪现代建筑史的经典之作，也明确了空间在建筑中的存在及其价值性，空间作为现代建筑研究的核心问题，受到前所未有的关注。

其实空间并非现代建筑的专属名词，空间是伴随着建筑的产生而来的，道德经中所指的“无”恰恰是中国传统建筑文化中的“空间”。吉迪恩在《空间·时间·建筑》一书中，把西方建筑的发展分为三个时期，并把这三个阶段对应于三个不同的空间观念。第三阶段的空间观念始于 20 世纪初的视觉革命，它超越了一点透视的认知局限性，这对建筑与城市的空间观念都产生了深远的影响[4]。由此，对建筑环境空间的认识进入了新的发展阶段，建筑与城市环境的设计也因而具有更为广泛的创新发展的机会。

由此可见，建筑空间属于客观存在，它被各种实体要素围合而产生，并能够承载行为的发生；建筑空间具有哲学上的美学意义，它与形式密切关联，也与人的审美体验密切关联，建筑空间的不同心理感受让身处其中的使用者能与之产生互动，也赋予建筑环境特征性；随着科学技术水平的提高，特别是人工智能和虚拟现实技术应用于各领域，对建筑空间的定义和创作方式也会不断创新，空间的多样性和多元化也会成为主流，使用者也会因此获得更加丰富多彩的体验。

1.1.2 建筑空间的特征

建筑是一种如何浪费空间的艺术。

——菲利普·约翰逊

1）空间的物质功能性

在现实生活中，总能看到很多让我们流连忘返的建筑，用她们“凝固的音乐”特有的音符打动着我们。图 1-1 是哈尔滨中央大街上美丽的建筑——

教育书店，大理石人像柱、科林斯壁柱、自由涡卷曲线的断折山花、浮雕装饰、半圆形的阳台，都给人们留下深刻的印象，整个建筑洋溢着巴洛克式的奇异生动效果，形成变幻曼妙的光影，她是哈尔滨人心中永恒的记忆。图 1-2 是中央大街上另一栋建筑——马迭尔宾馆，这栋建筑因为电视连续剧《夜幕下的哈尔滨》而非常闻名，建筑的窗、阳台、女儿墙及穹顶等元素都反映出很强的新艺术运动时期的特征。出挑的阳台精巧细腻，砖砌体的女儿墙造型多姿多彩，柔软灵活的各种曲线造型极具气势与动感，飘然欲飞。这些建筑如一座座华美而富有激情的雕塑静静地站在那里，成为中央大街的名片，让我们记住了它们。

图 1-1　教育书店

图 1-2　马迭尔宾馆

因为建筑的精美，我们常常把建筑称为艺术。然而，最初建筑产生的时候似乎并不是为了她的美丽。原始人类为了避风雨、御寒暑和防御自然现象或野兽的侵袭，需要有一个赖以栖身的场所，这就是建筑空间的起源。法国建筑理论家和历史学家维奥特·勒·杜克（Eugene-Emmanuel Viollet-le-Duc，1814—1879 年）所著的《历代人类住屋》（*The Habitations of Man in All Ages*）[5] 一书中，在“第一座住屋”中，说明了“原始”居民正在建屋的情况，他们把树干的顶端扎在一起，在表面上编织许多小的树枝和小树干（图 1-3）。在今天，也许我们可以说它具有原始的美感，但是在它建造之初，建造者无从讨论它的美丽形式，它的产生是因为人们需要使用它的内部空间。从原始人的穴居、简易的遮蔽所到具有完善功能的室内空间，人类经过漫长的岁月，长期追求空间能更好地满足人们对使用功能的需要。

图 1-3　人类第一座住屋

老子《道德经》中“尚无”的经典语句被古今中外用来描述建筑空间的起源，这正是对空间的物质功能性的最好诠释。可以这样理解，人们选择了合适的建筑材料去修筑，并在合适的位置留出门窗和洞口，形成了能满足各种功能需要的建筑空间。人们最初建造建筑的初衷是为了围出“空”的、用于使用的部分。

2）空间的技术创新性

最初的建筑空间源于人类对功能的需求，但随着社会文明经济的发展和人们生活方式和活动内容越来越丰富，需要创造出相对复杂的空间来满足使用要求。而怎样建造空间、能够获得什么样的建筑空间却不仅仅是凭借主观愿望就能够实现的，还要取决于工程结构和技术条件发展的水平。

图 1-4 是古希腊的圆形剧场，图 1-5 是北京国家大剧院内部的照片。同样是大型观演空间，由于建造年代不同，受到建筑材料和工程技术手段的限制也不同，所以古代剧场空间在形式、物理性能和舒适度等方面与现代的剧场空间有着很大的差距。

图 1-4　古希腊圆形剧场

图 1-5　北京国家大剧院内部

回顾人类建筑历史发展，我们能看到，人们不断创新性地突破技术的限制，从而能够提供更能满足人们要求的使用空间。最初，由于受到技术手段的制约，人们很难获得较大的室内空间，于是就努力寻求在结构上突破的办法，创造出柱式同拱券的组合。图 1-6 是中世纪教堂的内部空间，这些券柱式和连续券既作为结构，又成为装饰。

图 1-6　中世纪教堂的内部空间

可见，对建筑空间使用功能的拓展和对审美的追求与突破，促进了建筑的创新发展。日益发展和进步的技术手段更是为建筑空间的发展提供了有力的支持。图 1-7 是看到在一个现代化的体育场馆中，如何用各种技术来实现一个空间的功能要求。

3）空间的社会文化性

在世界上的任何地方，只要有人聚居就能发现人们在使用空间。空间既反映了人类的生活状况和技术水平，又反映了人类精神和心理深层次的需要。因此我们说，空间不能脱离社会的属性而独立存在，它往往能反映社会的经济基础、意识形态、生活方式、民族文化、历史传统等多方面。

今天，我们使用的大多数空间是经过专业的建筑师、规划师、室内设计师设计的，而在漫长的人类历史上，很多建筑是人们自发建造的，是先于建筑师的职业形成的，建筑空间的建造和发展体现了当时的社会文化意识和风俗习惯，建筑艺术也因此而具有独特的魅力。

图 1-8 是云南丽江芝山福国寺内的五凤楼。这是一栋三重檐多角攒尖顶木结构建筑，平面呈方形，高 20m，进深 3 间，通面阔 18.9m，通进

深 17.8m，是云南民族地区现存的一项重要的地方建筑，这是丽江地区独有的纳西风格建筑。这样的建筑，从形式到空间都带有非常明显的地域特色。

图 1-9 是哈尔滨的中央大街，面包石和行走在上面的人群构成了这条老街独特的空间氛围。走在面包石上，能想象百年前这条街的繁华景象。面包石见证了街道空间从殖民时期到现在的发展历程，因此说城市和建筑的空间是对社会文化的折射。

图 1-10 是广东客家围龙屋建筑及福建围楼的图片。“客而为家”的客家人创造了结构精巧、布局奇妙的围龙屋，其丰富的客家民俗文化内涵成为客家民居建筑风格的代表，中外建筑学界称之为最具特色的中国民居建筑物之一。

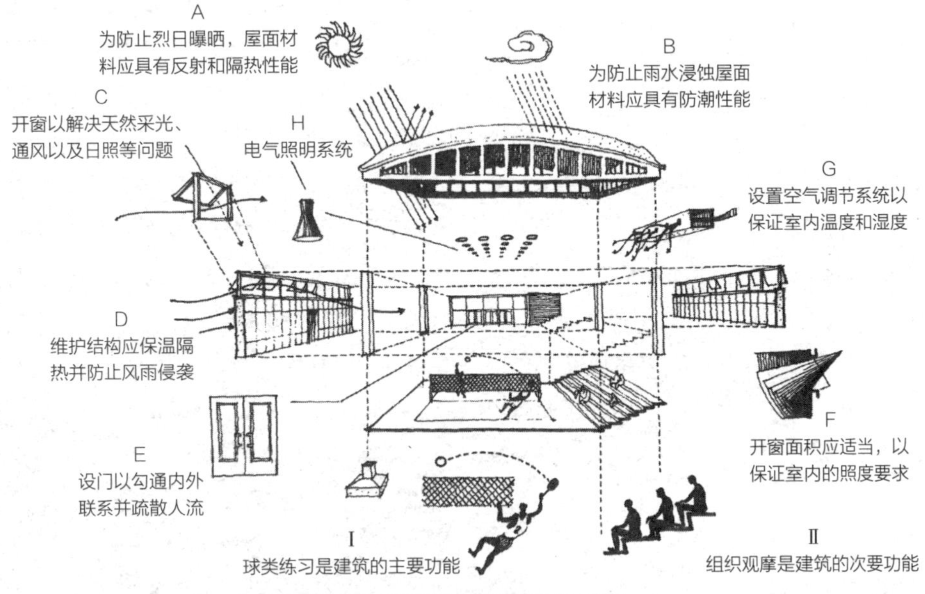

图 1-7　体育馆与科学技术结合示意图

图 1-8　云南丽江芝山福国寺内的五凤楼

图 1-9　哈尔滨中央大街

图 1-10　广东梅州的客家围龙屋

在布局上，围龙屋呈外圆内聚或外方内拢形状，屋内衣、食、住、行、存储等等空间一应俱全，是自给自足式生活的典型缩影。这一布局深刻反映了儒家思想中宗室团圆的伦理思想。围龙屋结构设计的一大特点是窗小井多。窗小是出于防御和安全的需要，而天井则弥补了因窗小而造成光线不足的缺陷，这显示了客家人在民居建筑上的智慧。与对外防御性形成鲜明对比的，是围龙屋内部空间的开放性和生活化情境，南北贯穿的过堂风、透过门洞看见池塘田野的快意，以及随手在池边洗菜、在屋前屋后摘果的洒脱自在，都表明了客家人追求田园生活的境界。有人认为围龙屋的空间形态折射出客家人追求遁世、怡然生活的道家理想。

1.2 空间与人

让我们看这些熟悉的画面：

寻常城市中的平凡日子里，游人在亲切宜人的街道上徜徉；

阳光明媚的教室里，书声琅琅，莘莘学子在埋头苦读；

温馨的餐厅中，烛光摇曳，情侣依偎着互诉衷肠。

空间作为满足人类各种活动的场所，与人有着密不可分的关系，场所也因为人的存在而充满活力。在人与空间的接触过程中，首先是感官系统的感知和体验。因此，我们对空间的认识来自人对空间感知和体验的结果。

1.2.1 空间与人体

人通过视觉、听觉、触觉、味觉、嗅觉等感官系统来捕捉空间中具体的或抽象的“物”，组合而成一个对空间大小、尺寸、色彩、质感和声音等全方位的认识，并形成当下的记忆。

对空间的感知首先与人体尺寸和比例有关。在西方，人体尺寸被用作丈量距离的同时，人体的比例也被用作衡量和确立建筑比例的标准。维特鲁威 (Marcus Vitruvius Pollio) 认为，建筑应基于人类形态的对称性与比例。柯布西耶 (Le Corbusier) 进一步探索了人体尺寸和自然之间的数学联系，并将其定义为“模数”，一种基于黄金分割比例的空间丈量系统。

当人进入空间时，首先是在用身体“丈量”空间，感知身体与空间的相对尺度关系。相对尺度关系不仅存在于空间大小与身体之间，还存在于空间构件（如柱子和墙）与身体之间，以及家具与身体之间。

2018 年威尼斯建筑双年展“最佳国家馆金狮奖”获得者瑞士馆，主题为《瑞士 240：住宅导览》（*Swizzera 240: House Tour*）。设计师通过操作身体与空间的相对尺度，促使参观者重新审视他们对建筑元素的看法。参观者会发现，建筑元素以意想不到的比例呈现出来；门、窗和电源开关可能比预期的尺寸要大或小得多。参观者需要在微小的门之间低头穿行，或踮起脚尖观察齐肩高的工作台面（图 1-11）。“我们想带游客体验一场住宅导览，让其感受到一种夸张的建筑感……我们希望通过这种方式，让我们去反思，关于住宅内部空间应以怎样的角色塑造我们的生活和身份。”设计团队以此阐释他们的设计。

图 1-11 2018 年威尼斯建筑双年展瑞士馆室内

1.2.2 空间与行为

空间为各种日常活动提供场所，满足各种活动特定的需求，因而对空间的感知与体验与人的行为之间相互关联，并相互制约。

一方面，空间能够规划人的行为和感知。日本茶室的空间对茶道礼仪的形成，起到了决定性的作用。日本茶室一般以 4 张半榻榻米的面积为标准，即 8.186m^2。茶室入口的尺寸高约 73cm，宽约 70cm，人需要弯腰跪行进入，以身体力行的方式来体验无我的谦卑（图 1-12）。茶室的顶棚设计得有高低之分，高顶棚的下面是客人坐的地方，低顶棚的下面是主人点茶之处，以示对客人的尊重。

图 1-12　日本高台寺遗芳庵茶室入口

模糊建筑是 2002 年瑞士博览会的一个展览厅，位于伊凡登勒邦城新城堡湖畔。采用轻质结构，宽 100m、深 64m、高 25m。建筑将水从湖里泵上来，过滤，通过紧密排列的高压喷嘴喷出细密水雾。参观者需要通过水雾才能进入到展览厅中。在水雾中，视觉和声觉的参照物全部消失，只剩下光学的“乳白”色和喷雾嘴发出的“白噪声”。这一体验是人的行为与空间的一次对话，也是对空间无形与有形的新的阐释。

另一方面，人的行为也会引起空间感知的差异。中山英之 (Hideyuki Nakayama) 设计的 2004 住宅（图 1-13），一侧临内院，另一侧临街道。他将室内空间下沉，沿建筑一圈设计了贴着室外地坪、高约 1m 的连续长窗。空间下沉的深度与人坐着的视线高度保持一致，可以方便父母坐着观察在外面草地上嬉戏的孩子，长窗的高度又避免了路人看到室内；当人在下沉空间里站立时，空间感知以及与周围空间的关系都随之发生变化——人与室外环境的关系被削弱，而与“家”的内部关系被加强，人能够看到家里的其他空间和其他人的活动。建筑师利用站和坐姿势的改变所引起的视线高度变化，来带动室内外空间关系的感知变化[6]。

图 1-13　中山英之 (Hideyuki Nakayama) 设计的 2004 住宅，日本松本市

建筑师常常习惯捕捉没有人的画面，展示纯净的空间，但在日常生活中，氛围是空间与人的行为叠加的产物。空间的组织不只是沿着路径组织一系列有趣的静态图片式的空间，或是单纯寻求应对功能的便利性，而是应该将日常生活叠加到空间中，关注空间与人的行为叠加的意义，以建筑来诠释我们对个人生活和公共生活的态度。

1.3　技能与方法：空间阅读与记录方法

对空间的感知与体验，可以理解为对空间进行阅读的能力。对建筑空间设计的初学者来说，阅读空间包括观察和记录空间环境，还要感知空间的情绪，进而能解读空间“内部”的信息。这里我们以建筑的外部空间为例，介绍一些简单易学的阅读空间的技能和方法，以及如何用建筑摄影的方法来观察和记录建筑空间。

1.3.1 空间阅读方法

建筑空间中蕴含的信息纷繁复杂，对它们的调查应客观与主观并重，研究者应以中立的视角去感知与观察空间中的各种要素，初学者可针对空间与行为，采用行为观察法、问卷调查法等研究方法。

行为观察法是空间研究中经常用到的数据收集方法。这种研究方法是从时间与空间的角度，系统地观察目标对象在空间中的行为与频率，旨在对空间与行为关系进行定性研究。

通常情况下，空间环境存在较多的复杂性，观察者不能简单依赖眼睛，所以应首先准备一个完善的系统的观察计划（图 1-14）。

在准备系统性的观察计划时，关键性的问题有：

- **我们选择的研究场所是否能帮助我们找到需要的信息目标？**
- **我们可以利用该场所吗？**
- **限制条件是什么？**
- **我们是要连续待在那个场所，还是建立一个取样方案？**
- **如果是建立取样方案，那么我们的观察取样是每天、每小时，还是采取其他的时间间隔？**
- **我们的出现将会对环境造成什么影响？**
- **观察对象是否有不确位性？**
- **现察者是否能坚持注意或者测量他们需要观察的东西？**
- **如果考虑到观察的连续性可能会有问题，那么我们应该如何对观察者进行训练？**
- **我们的观察目的是否和环境相符，还是应该进一步发展它们？**

图 1-14 系统观察的评价步骤

传统的行为观察方法是将人的行为进行编号，并将行为发生地点与频率标记在平面图上，该方法耗时、耗力。随着技术的进步，行为观察法延伸出了“快照法”与“高空鸟瞰摄像法”。“快照法”是空间句法研究团体提出的一种记录形式，观测者运用视觉与记忆共同定格观测场地的某一个瞬间，将信息用符号迅速记录。快照法与传统记录方法的差异是，“定格”后进入观测场地的人不被记录。这种记录法对室外空间使用率有一定要求，需为视线所及范围的小型空间，若空间使用率过高则应适当缩小观测空间面积，并增加观测人员。快照法在条件许可的情况下，可由照相机或摄像机取代，也就是“高空鸟瞰摄影法”。观测者选取观测空间附近的高空作为拍摄场所，使用照相机或摄像机，每间隔一定时间进行拍摄，记录后再由多人分工将照片中的信息整理出来。

“问卷调查法”最早普遍应用于社会学与社会心理学研究领域，是社会调查研究中的一种重要手段，后被广泛应用于各个研究领域。在空间研究中，问卷调查法是最为常用的调查方法，具有重要的意义。

问卷调查法的最大优点是可以帮助研究者掌握人与空间关系的数据，如空间环境特点、人的行为习惯，对空间的意见和态度等。

一份完整的调查问卷通常由五部分构成：卷首语、问卷说明、问题与回答、致谢与其他资料。卷首语应简明写出问卷调查的题目，并表明自己的身份，对被调查者表示感谢，给出关于调查目的的简要说明，并注明会对调查表中的个人信息严格保密。问卷说明应向被调查者阐释调查问卷的填写办法，可举例说明，便于被调查者理解。致谢部分应对被调查者表示再次感谢，并附以简短祝福。其他资料可为图片、地图等信息。

问题与回答是调查问卷的核心，可根据调查目的设定若干主题，再依据各自主题展开设问。问题的设置分为封闭式问题与开放式问题。封闭式问题又分为填空式问题、列举式问题、多项单选式问题、多项多选式问题、多项排序式问题等。当然，研究者需要对每个调查问题的深入理解。同时，在调查问卷设计中必须考虑以下问题（图 1-15）。

● 目标
确定研究目标
阐明每一个问题的目的
● 回答模式
比较封闭式和开放式模式的优劣
● 清楚的问题定位
使用短句
避免在一个提问中出现两个问题
避免在提问中使用否定语气（没有，不会）
避免使用模糊的词语
避免使用威胁的语言
● 问题顺序
使用论题的逻辑顺序
从有趣、平和的议题开始
不要将重要问题放在长问卷最后
● 格式
使用吸引人而简明的图表
避免突兀而夸张的设计
● 指示
解释调查的原因和背景
告诉被调查者他们该做什么
告诉调查者在哪里翻页
● 伦理
保证为个人的回答保密

图 1-15 调查问卷设计中必须考虑的问题[7]

1.3.2 建筑摄影

一张照片可以比文字和语言表达出更多的内容，建筑摄影也可以成为记录和观察空间的重要手段。专业的建筑照片能更好地展示一座建筑物的视觉效果和吸引力。

建筑摄影是以建筑为拍摄对象，用摄影语言来表现建筑的专题摄影。世界第一张被保存下来的照片于 1827 年拍摄，它的出现也标志着第一幅建筑摄影作品的诞生。传统的建筑摄影往往是用保守、沉稳而乏味的风格拍摄建筑物。1919 年，格罗皮乌斯（Walter Gropius）推行的包豪斯运动开始把摄影视为一种应用艺术，即“创作技巧、技术进步和艺术表现的理想结合”。此后，建筑摄影走在了实用性和艺术性的中间路线上。

建筑摄影既包括中性的、档案性的记录，也包括抽象的、艺术性的视觉作品。前者我们称为纪实性的建筑摄影，后者称为艺术性的建筑摄影。纪实性建筑摄影是为了描述建筑，以精确地说明建筑物的特性为目的。直接记录是其中最单一的方式之一，它必须客观地、如实地传达在场观察者的基本感觉，真实可信地再现建筑的结构特征。在艺术性的建筑摄影中，建筑物只是表达的手段，摄影师所表达的内容和建筑原本所传达的内容可能是彼此割裂的。这时，摄影师是艺术创作者，而不是建筑师。

建筑师通过建筑设计来表现建筑，表现自己的设计意图；摄影师通过摄影技术来表现建筑，表现自己的创作意图。建筑师和摄影师均是通过二维空间的平面形式，即建筑师通过图纸，摄影师通过照片，来表现建筑。

建筑师在绘制透视图时，视平线的高低可以根据图面需要而上下移动，但无论是鸟瞰还是仰视，在最常见的一点和二点透视图中，原本垂直地面的墙面和柱子等垂直线条也始终保持垂直。这种特性也就基本决定了建筑摄影的要求，即以平视取景，也就是说垂直线条在照片中仍保持垂直，以获得画面效果。

因为平视是人们最常用的视角，所以平视所看到的建筑最自然，最真实，也最容易被人们接受。这里，刻意用倾斜线来表达视觉的冲击或追求戏剧性构图的作品除外。为此，一些相机制造商开发生产了一些可以调整透视关系的相机或移轴镜头，以适应建筑摄影的这一基本特点。

由此可见，作为纪实性建筑摄影不但要表现出建筑的空间、层次、质感、色彩和环境，更重要的是作品必须保持视觉上的真实性，作品要求既追求表达建筑美学上的艺术性，捕捉光影变化中的瞬间美，还要把人们看到的横平竖直的建筑物表现在照片上。这就是建筑摄影既不同于纪实摄影，又不同于艺术摄影的创作要求[8]。

本章参考文献

[1] 字词语辞书编研组编．新编现代汉语词典[M]．长沙：湖南教育出版社，2016：699.
[2] 朱雷．空间操作：现代建筑空间设计及教学研究的基础与反思[M]．第二版．南京：东南大学出版社，2017：5.
[3] 玛格达莱娜·德罗斯特著．包豪斯1919-1933[M]．丁梦月，胡一可译．南京：江苏凤凰科学技术出版社，2017：212.
[4] 希格弗莱德·吉迪恩著．空间·时间·建筑[M]．王锦堂，孙全文，译．武汉：华中科技大学出版社，2014.
[5] Eugène Emmanuel Viollet-le-Duc. The Habitations of Man in All Ages [M]. Forgotten Books, 2018.
[6] 胡滨．空间与身体．全两册[M]．上海：同济大学出版社，2018.
[7]（美）琳达·格鲁特，（美）大卫·王．建筑学的研究方法．第2版[M]．王何忆，译．北京：电子工业出版社，2015.
[8]（德）斯克芘．数码建筑摄影[M]．周英耀，樊智毅，译．北京：人民邮电出版社，2010.

线条与色彩以某种特殊的方式组合，某些形式与形式关系唤起我们的审美情感。这些关系是线条与色彩的组合，这些审美意义上感人的形式，我称之为“有意味的形式”，而“有意味的形式”是所有视觉艺术作品的共有特征。

——英国美学家克莱夫·贝尔《艺术》

Chapter2

第2章 建筑空间的形式之美

Formal Rules of Architectural Space

我们知道，人们创造建筑空间是为了实现对于某种功能的要求，而随着文明的不断演进，人们对建筑空间满足社会审美的要求越来越高。在人类历史的各个发展阶段，人们不断革新技术手段，创造能满足使用要求、同时又具有艺术表现力的建筑空间。人们对建筑空间的形式是有审美要求的、建筑的形式之美让它走进艺术的范畴，能诠释人类的情感需要，可以被创造和欣赏，这种精神和心理层面的需求，这也更增加了建筑空间的无穷魅力。

在传统的观念中，艺术美具有某种神秘性，甚至被认为是无法捉摸的。20 世纪初期，由于认知科学的发展，视觉分析被广泛应用于研究艺术的本质。对感性事物的理性认识，使得审美体验不再仅是被艺术性地感知，还侧重对心理感受的科学性思考。美的事物难以用语言描述，美学理论通过对形式和色彩等要素的研究，尝试寻求不同事物在视知觉中的普遍性，提出一些指导性原则，帮助建立感知觉经验，理解事物的艺术性[1]。这种对艺术的科学性认知，对现代设计具有重要贡献。对于建筑空间的形式美，是对其感知和体验的重要方面，也是建筑空间设计的最基本问题之一。

在第 1 章中，我们初步认识了建筑空间，在这一章中，我们将帮助大家了解建筑空间形式美的知识。

2.1 建筑空间形式的基本问题

2.1.1 建筑空间与形式

关于形式，有解释为“某物的样子和构造，区别于该物构成的材料，即为事物的外形”；也有解释为“形式对内容而言，指的是事物的组织结构和表现方式”。在西方，对形式的广义的认识主要存在于哲学的层面，如古希腊罗马美学在对世界万物探索求真中思考形式，黑格尔则认为“形式”是指内容的感性显现。总的来说，形式是事物的样子和组织结构，是事物区别于他物的外显和结果。

对于建筑这种视觉艺术品来说，形式赋予事物非常典型的外部视觉冲击。那么，它的艺术性就蕴含在形式之中，它外显出的独特性、不可重复性和与众不同塑造了它不可磨灭的魅力。

建筑史学家尼古拉斯·佩夫斯纳曾经用一个极端的例子来解读建筑，他说：“自行车棚是一个建筑物（Building），林肯大教堂是一个建筑（Architecture）。”两者的差异很多，但形式的艺术性是建筑的重要方面。建筑师设计的作品首先就应该具有美的视觉形式，即便是在崇尚功能、主张机器美和技术美的现代主义思潮中，建筑作品仍然表现出传世的美感。

图 2-1 是柯布西耶设计的萨伏伊别墅，它是现代建筑讲究简洁、功能至上的代表作，而就建筑的形式来说，它白色的外观、纯净的造型，与环境形成鲜明的对比，成为环境中一座美丽的雕塑。图 2-2 是另一位现代主义建筑大师密斯·凡·德·罗设计的伊利诺伊理工学院克朗楼，建筑采用玻璃和钢的现代建筑材料，形成了完美的比例与和谐。

图 2-1 萨伏伊别墅

图 2-2 伊利诺伊理工学院克朗楼

不只是建筑的外观具有形式美，建筑空间的形式美同样是建筑师的追求。在密斯设计的另一个作品——巴塞罗那世界博览会德国馆中，则只用简单的几片墙体，通过不同的材质和比例变化就与柱子、玻璃共同形成了静谧而吸引人的空间（图 2-3）。

图 2-3 巴塞罗那世界博览会德国馆

我们说，在建筑空间设计过程中，设计师为满足人的使用要求构思了建筑空间，如何建构自己的形式语言，创造丰富而打动人心灵的空间形式是建筑师的必修课，审美趣味与形式创造力是建筑师个体素养的重要组成部分。

2.1.2 建筑形式的深层内涵

有人说，建筑是选择适宜的建筑材料，以技术进行建构，形成和谐统一的空间形式。实际上，建筑的材料、色彩、肌理等等与形式相辅相成，表现出复杂而丰富的变化，形成了精妙美妙的建筑空间形式。

图 2-4 是古埃及金字塔，其以稳定、简单、庞大的体形屹立在茫茫沙漠之上，给人以雄伟、神秘的气氛。古埃及人敬畏死神，他们认为人死后灵魂可以永生，因此建造陵墓是古埃及统治阶级最为重要的建筑活动。在古埃及境内石头是其主要的自然资源，故古埃及人开采花岗石、玄武石等石材用来建造陵墓。坚固的材料以及简洁的体量、共同形成了令人肃然起敬的世界奇迹。

图 2-4 古埃及金字塔

1）建筑形式是实体与空间的统一

相对其他事物而言，城市和建筑表现出来的形式可能更具有独特性，这就是它们的实体形式与空间形式相互依存。就建筑而言，形式既包括构成建筑外观的外显，也包括空间的呈现，建筑的形式是实体与空间的辩证统一，也就是说，我们在建筑外观看到的视觉逻辑是能在内部空间感知到的。泽德勒说，“建筑之艺术性就存在于建筑构件之间的聚合关系之中”，这种聚合关系的结果无疑就是建筑的空间。对建筑形式的审美认知既是对建筑的实体本身，也包括实体围合的空间的艺术。

图 2-5 是意大利威尼斯市的圣马可广场的总平面，在图中我们能明显地看到建筑围合的“L 形”广场空间。在实际的体验中，广场的感受来自建筑的界面的围合。图 2-6 是迈耶设计的罗马千禧教堂，建筑的外观使用了壳面的外墙，而建筑内部的空间就能够感受到这个来自壳体墙面的张力。

2）建筑的形式是情感的表达

作为凝固的音乐，建筑的形式是建筑师赖以激起观赏者情感的媒介。著名的建筑大师赖特就非常擅长用空间调动人的情感，他利用或低矮或高阔、或狭窄或开敞的空间，形成对比与旋律，激起心情的波澜。图 2-7 是著名的流水别墅。设计师通过形态、体积、明暗、空间、色彩、肌理等来进行整体与局部的处理，给人以艺术的感受，使人身临其境时，能获得庄严、雄伟、肃穆或者亲切、宁静、优雅的感受，及其人们的共鸣。图 2-8 的国家大剧院，它拥有金属质感下的完美曲线。在水面上，建筑外观简洁而静谧，内部空间高雅优美，带观者进入艺术的殿堂。

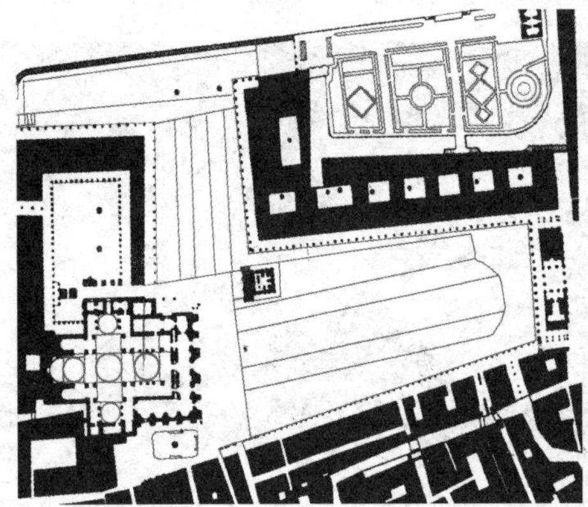

图 2-5　圣马可广场总平面

图 2-6　迈耶设计的罗马千禧教堂

图 2-7　流水别墅

图 2-8　国家大剧院

3）建筑空间形式反映时代审美

在建筑历史上，当对形式的审美认知出现趋同和不同的时候，就开始出现主流和非主流，社会同时期的主流审美形态会对建筑空间的形式和风格产生作用。

（1）古典主义：多样统一与比例和谐

古典主义时期，强调和谐、均衡、高雅的形式风格，是多样统一的和谐。这一时期，在绘画、雕塑和建筑的形式创造中，多样统一的和谐形式始终是判断形式价值的最重要的标准。古典主义的形式强调比例关系。柏拉图在《法律篇》中将美感与秩序、比例以及和谐联系在一起。文艺复兴时期对透视法、光影明暗规律、人体解剖等科学知识的研究，使古典形式获得了突破性的发展，被认为完美的形式，通常来源于对现实事物的准确描绘、模仿或者对其内在关系的还原。

（2）现代主义：要素分解与个人体验

现代主义的审美是对要素的分解，更注重个人的体验。现代主义的最大特点是从描绘可辨识的形象，转向了抽象的风格，消除了透视空间，画面平面化（图 2-9、图 2-10）。写实再现的体系被分解了，可辨识的世界被用新的有意味的形式取代，艺术和现实之间的模仿关系被彻底推翻。于是，设计师大胆地创造出人们从来也没有见过的新形式（图 2-11）。

艺术家和设计师以理性和科学的分析方法对待形式表现和创造，艺术家将艺术的每个部分都分解为线条、光、色彩、空间等，以最纯粹、最极致的形态呈现在人们面前，例如建筑师里特维德设计的里特维德 - 施罗德住宅（图 2-12）。现代主义初期，设计师对形式的突破是对古典主义秩序和复杂形式的摆脱，表现出简洁和不对称的趋势。这些形式充满个人表现力。

（3）后现代主义：要素混搭与视觉冲击

后现代主义是 20 世纪中期以后出现的一种世界性文化思潮。哲学、美学、文艺学和社会学等领域的理论受到深刻影响。有人说，后现代主义是对现代主义继承与延续的必然，多样性和多元化的

图 2-9　康定斯基《组成的 1911》

这里艺术线条呈现出柔软的纹理，画面的色彩形成了冷暖 / 动静对比，看似感性美的背后，隐含着对行为艺术作品理性美的思考

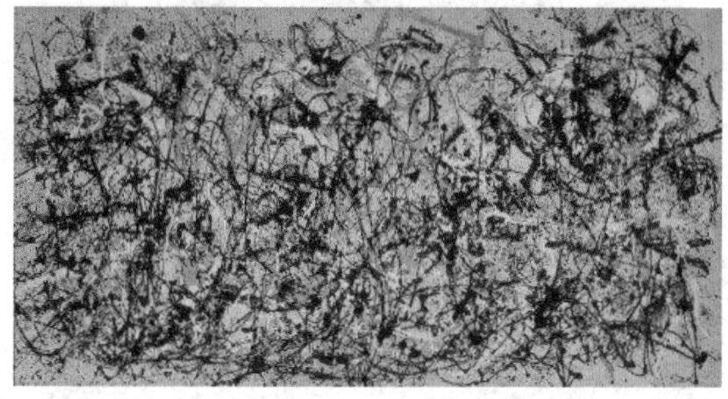

图 2-10　杰克逊 • 波洛克《秋天的韵律》

图 2-12　里特维德 - 施罗德住宅

图 2-11　毕加索的绘画《牛》

这里空间上的图底互动关系更加鲜明，空间的色彩、体积都能以某种纯粹性的形式独立存在，他确立了一种新的形式表现模式和观察方法

后现代主义形式特征成为消解现代主义形式之后的超越。

在形式上，后现代主义展现了新的随心所欲、新的玩世不恭和新的折中主义。后现代主义的形式理论和实践，是以颠覆和全新的方式进行诠释和实验的，表现手法完全超越了古典和现代主义形式的概念范畴。文丘里设计的母亲住宅（图 2-13），这是“后现代建筑”的代表作品。而詹克斯设计的苏格兰宇宙思考花园更是把对形式的操作推到了极致（图 2-14）。后现代主义从传统建筑上汲取要素，将其变形和符号化，表达一种隐喻和象征的精神。

图 2-13 母亲住宅

图 2-14 苏格兰宇宙思考花园

（4）当代语境：多元并存与数字技术

当代社会、科技、经济和文化的发展，把建筑带进多元化和全球化的历史阶段。当代建筑师把各领域的最新研究成果融入建筑设计中，探索形式的多元语汇。于是，传统的时空观念、审美尺度、形式准则等方面都受到不断的冲击与扩容。艺术与设计不再有统一的标准和固定的原则，出现开放性、多元交叉、风格并存、多种学科交融创新的趋势。计算性为设计师创新插上翅膀，数码技术在形态塑造方面突破了人类原有想象力的极限，也同时改变了从设计到制造的全过程。

图 2-15 是弗兰克·盖里设计的迪斯尼音乐厅，音乐厅造型扭曲，且极具雕塑性。设计师将音乐厅的墙体组块进行扭曲、骤降、上升、重叠的处理，并且在数字和信息技术的支持下，将这些组块进行理性组合，整座建筑整体感、雕塑感非常强烈。

与此同时，数字技术使形式从平面的画布走向可以无限深远的荧幕，从单一功能的媒介表现走向多元交叉的综合体。数码语言丰富了当代艺术设计的形式语汇，艺术家通过虚拟性和互动性的多屏幕投影视像实验，追求更为直接、更为有效的现场体验和视听效果，凸显了互动性与虚拟的新特征，为我们呈现出更加丰富多彩的数码形式。例如，2010 年上海世博会的沙特阿拉伯馆（图 2-16），人们在其中的空间体验很大程度上借用了媒体技术。

图 2-15 弗兰克·盖里设计的迪斯尼音乐厅

图 2-16 上海世博会的沙特阿拉伯馆

2.2　建筑空间形式语言及其心理特点

对于建筑师来说，如何用语言要素创造有意味的形式，唤起人们的审美情感与共鸣是至关重要的。

语言要素是构成形式的最小单位。在视觉艺术中，形式语言是在观者眼中的画面呈现出的形态和形象。形式语言的基本元素包括点、线、面、体等。形式语言在视觉原理的直观性、瞬间性、形象性，掌握形式语言是与艺术相关的所有设计的基础。

2.2.1　点的形态与视觉心理

点是视觉语言中的最小单位。在几何学上，点只有位置，没有面积。在造型艺术上，点和面是相对的概念，点在视觉上比面小，点的扩张会产生面的感觉。点在形状上有圆、方、椭圆、水滴、不规则……在情态上，点的感觉是小巧、集中、吸引、醒目……比如圆点，给我们的感觉是饱满、深沉、圆满、充实、动感；方点给我们的感觉是稳定、规则、冷静、静止；水滴型则具有方向感、饱满、重量感、动感等。

在图 2-17 中，我们可以看到各种点的形状，它们形态各异，具有不同的情态。图 2-18 是一个居住区的总平面图，在总平面图中看，住宅相对于整个街区来说，就是一个个点。点状的建筑体量不仅便于随着街区形状布置，还可以让环境变得轻松、活泼。

建筑师崔愷设计的西昌凉山民族文化艺术中心火把广场（图 2-19），主体建筑是凉山标志性建筑，建筑表面凹入的孔洞在界面上就是点，具有较强的视觉冲击力。

除了点状的窗与洞之外，有时候设计还会运用材料肌理的点状效果。在拉尔斯·斯伯伊布里克设计的迪拜“三女神”住宅楼（图 2-20），表皮无缝波状表面，集中体现了连续性和结构特点。空隙的点形成网格的构图，使建筑的肌理通透、轻盈。

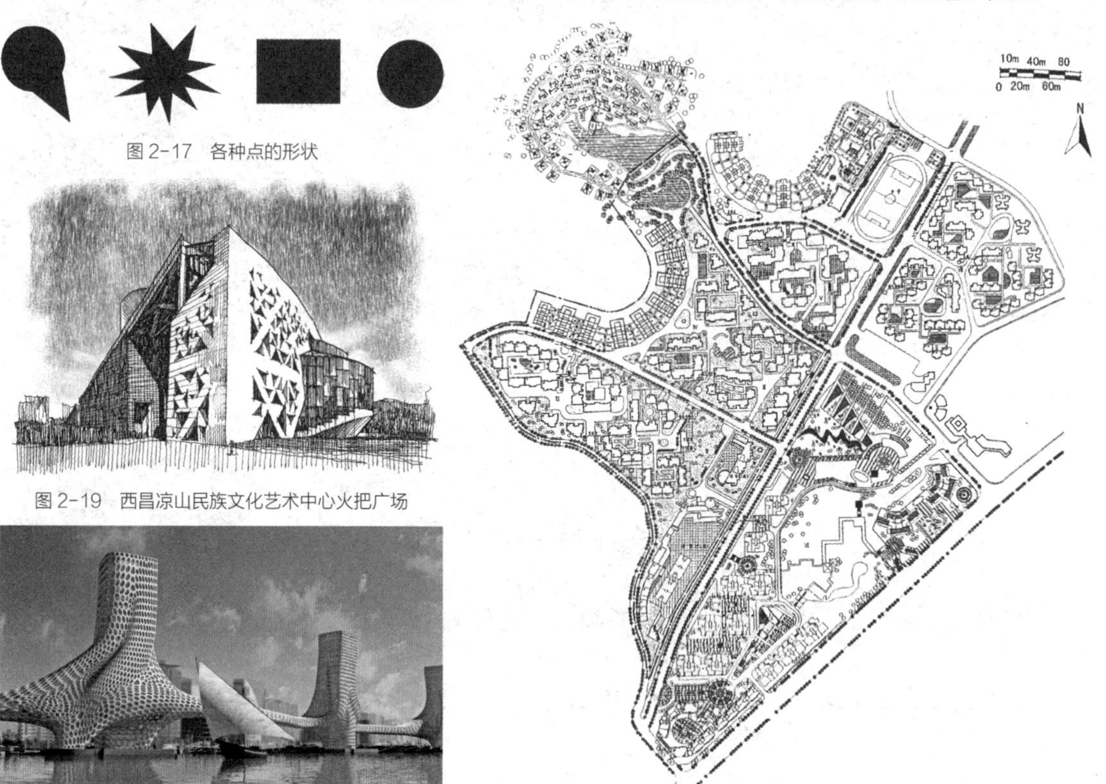

图 2-17　各种点的形状

图 2-19　西昌凉山民族文化艺术中心火把广场

图 2-20　迪拜“三女神”住宅楼

图 2-18　居住区的总平面

2.2.2 线的形态与视觉心理

在几何学上，线有长短和位置，但没有宽度和厚度；在造型艺术上，线是点集合的结果，线的扩张会产生面的感觉，会产生韵律感。从情感上来说，线具有直截了当、明快、轻松、延长感等心理感受，如直线具有速度感、运动感、坚韧感；几何曲线则显得柔软、优美，具有节奏感、流畅感；徒手曲线显得柔软、丰富、动感……不同疏密的线带来不同的感受；线的排列决定了面的轮廓。

图 2-21 是上海黄浦江边三座挺拔的建筑，分别是 KPF 建筑师事务所设计的上海环球金融中心、SOM 设计事务所设计的金茂大厦和 Gensler 设计的上海中心大厦，这三座建筑在城市的尺度下成为直立而高耸的线，显得挺拔而俊秀。

图 2-22 是建筑师何镜堂设计的中国 2010 年上海世博会中国国家馆，建筑的结构骨架用线性的要素来表达，轻灵却又恢弘大气，定义了建筑的轮廓。

日本设计师隈研吾设计的朝日广播公司（图 2-23），无论造型还是内部空间，都是用线的组合之作，内部空间的竖向线条形成较强的透视感和韵律感。他在京都造型艺术大学致诚馆的立面设计中，同样运用线形的带有纹理的石材产生较强的视觉效果（图 2-24），而在三得利美术馆的立面设计中，墙面竖向线条的表皮非常挺拔，同时具有极强的韵律感和透视感（图 2-25）。

此外，还有坂茂设计的日本东京海耶克商业大楼（图 2-26）；雷姆・库哈斯设计的中央电视台大楼（图 2-27）；理查德・罗杰斯设计的英国 4 频道电视台总部（图 2-28）。都是在建筑不同的层级上通过各种类型的线来组织建筑空间形式，使建筑具有个性和表现力。

图 2-21　上海中心、环球金融中心、金茂大厦平视效果

图 2-22　上海世博会中国国家馆

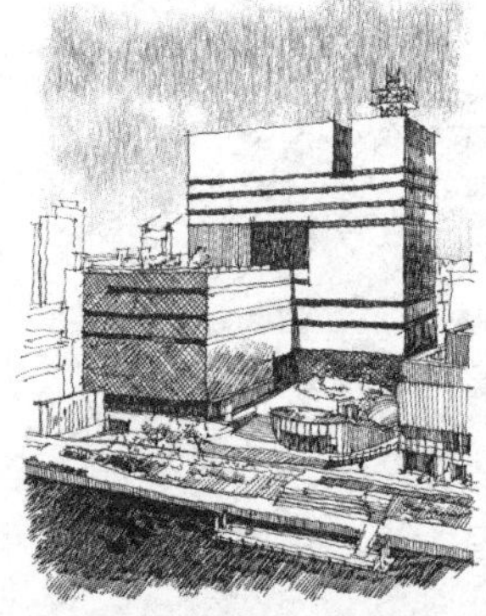

图 2-23　朝日广播公司
通过线性的窗框组合界定了空间，
也丰富了街景立面

图 2-24　京都造型艺术大学致诚馆

图 2-25　三得利美术馆

图 2-26　日本东京
海耶克商业大楼

图 2-27　中央电视台大楼
远处望去建筑就是一个折线，在城市中形成了一个极好的框景

图 2-28　4 频道电视台总部
建筑以红色的线形管道装饰建筑的立面，显得非常有个性

图 2-29　光之教堂

图 2-30　米拉公寓

还有一种线很特别，那就是光线，安藤忠雄设计的作品光之教堂（图 2-29）就是经典之作。设计师在昏暗的混凝土盒子的一侧开了一个巨大的十字架空隙，营造了特殊的光影效果。

除了直线外，还有曲线，由于曲线内部包含圆的特征，能形成视觉上的扩张感和饱满感，S 形曲线则富有生命力，而不规则曲线能传达动荡和不安的信息，纤弱而缺乏力感。高迪设计的米拉公寓，连续的弧线形成波纹，具有韵律感，柔韧流畅，使得这部作品成为传世之作（图 2-30）。

2.2.3　面的形态与视觉心理

面在几何学上是线移动的轨迹形成的。在造型艺术上，面是更能起控制性作用的形式要素，可以分为规则和不规则形，面的特征是面积。从情态上，规则形的面显得整齐、简洁、秩序、明朗……不规则形的面则显得丰富、繁琐、复杂、混乱甚至动荡……同时，面的大小、走向、位置不同，会对整体形式的视觉感受产生较大的影响。

图 2-31 是里伯斯金设计的美国丹佛艺术博物馆，建筑多个不同的面组合出具有视觉冲突的艺术品。图 2-32 是乌德勒支大学图书馆，整体建筑采用简洁的矩形体量，黑色玻璃与混凝土的表皮，并且在其表面印刷、制作了树枝状的图案与肌理，简洁的建筑形体，半透明的、精细的表皮，与周围环境形成无声的对话。建筑用不同材质、形状的面叠合，创造出层次丰富的立面效果。

现代主义大师理查德・迈耶设计的巴塞罗那现代艺术馆，不同形态和构成方式的白色的面与玻璃材料的面组合在一起，形成和谐、静谧而高雅的感受（图 2-33）。

在造型艺术上除了利用平面组合之外，也会利用曲面，图 2-34 是埃罗・沙里宁纽约肯尼迪机场的第五航站楼，曲线造型的屋顶，宛如一只蓄势待发的大鸟。

图 2-31 美国丹佛艺术博物馆

图 2-32 乌德勒支大学图书馆

图 2-33 巴塞罗那现代艺术馆

图 2-34 纽约肯尼迪机场的第五航站楼

另一部经典作品是朗香教堂（图 2-35），柯布西耶一反机器美学思想下的理性主义精神，采用夸张的曲线屋顶，外部造型和内部空间共同演绎视觉心理的创新。台湾建筑学者汉宝德在《如何欣赏建筑》中描述：“这是他把曲线造型的渴望表达在建筑上，用空间传达出人类内心深情的呼喊，所塑造的唯一作品。也是在这个作品中，柯布西耶背叛了柯布西耶。”这部作品完全没有“有机”的概念，点、线、面以及它们组合的光影形成一个个连续的乐章，撼动着人们的心灵。汉宝德说，“当你慢慢自右向绕它旋转时，就像听到一首丰美的交响乐：一首抽象的形体组成的乐曲”。

另一种非常有特点的面是圆面。圆面具有圆满、规则、充实的感觉；此外，她拥有两种视觉力：一是旋转，二是鼓胀。代表实例包括贝聿铭设计的东京美秀美术馆（图 2-36）以及安藤忠雄设计的大崎山博物馆和中国广东佛山顺德和美术馆（图 2-37、图 2-38）。

图 2-35 朗香教堂

图 2-36 东京美秀美术馆

图 2-37　大崎山博物馆

图 2-38　中国广东佛山顺德和美术馆

2.3　形式美的规律

虽然审美是有差异的，但是人类在从事视觉活动的时候是有一定规律的。美国哲学家鲁道夫・阿恩海姆在 20 世纪 20 ~ 30 年代完成了著作《艺术与视知觉》，他认为视知觉本身具备认识能力和理解能力等思维功能。他说，“艺术活动是理性活动的一种形式，思维与知觉的这种结合并不单单是艺术活动特有的。”可见，形式元素具有表现性的原因是在于与人的心理结构具有同构关系，即人对顺应自己心理图式的形式是容易接受的，这可以让他从中感受到愉悦和快慰。

另外，建筑形式的美学基础很多源于对人体自身结构的推演，具有原生态和自然造化的天然美感，是形式理论的牢靠基础，因此他们具有普适性。

赖特曾说过：“任何真正的建筑师或艺术家只有通过具体化的抽象才能将他的灵感在创作领域中转化为形式观念，为了达到有表现力的形式，他们也必须从内部按数学模式的几何学着手创造。”可见，具有艺术属性的作品必须符合形式美的规律，建筑恰恰是其中的一类。

一个建筑给人们以美或不美的感受，在人们心理上、情绪上产生某种反应，存在着某种规律，建筑形式美法则就表述了这种规律。建筑的构成要素具有一定的形状、大小、色彩和质感，而形状（及其大小）又可抽象为点、线、面、体（及其度量），建筑形式美法则就表述了这些点、线、面、体以及色彩和质感进行组合的普遍规律。认识形式的构成要素，并且掌握形态创造的方法，是具备建筑创新能力的基础。现代主义的形式语言虽然不同于古典语系，但内在的比例关系等方面仍然符合审美的规律。直到今天被认为时流行前沿的参数化设计的作品，也能从秩序的美学中看出端倪。

2.3.1　多样统一

对于建筑这一特殊的艺术形式来说，由于其受众面广，社会属性更强，所以对建筑和谐统一方面的要求有时要强于个性张扬，我们常称之为秩序，即如何将多种形式语言有序和谐统一，秩序是建筑空间形式自身的逻辑性。

构成建筑作品整体的各个局部之间必须能有机联系，人们才能感受到建筑的美感。在建筑作品中，质感丰富、色彩变化的材料，和多样化的细部手法可以创造丰富的艺术形象，但这些变化必须统一，才能构成有机而具有整体感的形式。

多样统一的方法很多。古典美学认为圆形、正方形、正三角形这样的完型是统一和完整的象征，可以引起人们对美的感受。这些形状具有明确、肯定的几何关系，可以避免任意性，这对建筑构图产生很大影响。完型是建筑设计中非常有效的语言，有时候初学者喜欢刻意创造独特的形式，其实完型经常能创造具有控制力的形式。

中国传统文化一直有“天圆地方”的说法，重视方和圆的基本形式。比如天坛祈年殿（图 2-39）是大家都熟悉的建筑，由于是祭天的地方，所以用了圆形，这种形式常常被用在最高级别的建筑中。图 2-40、图 2-41 是伦敦圣保罗教堂和华盛顿国会大厦。这些建筑的圆顶在视觉秩序上具有不可冒犯的地位，很好地统一了建筑中复杂多变的形式。

图 2-39　天坛祈年殿

图 2-40　伦敦圣保罗教堂

图 2-41　华盛顿国会大厦

主从关系是形成整体与局部和谐统一的重要手法。如果各部分不分主次，就会破坏整体的完整性，出现松散和杂乱的趋势。建筑构图为了达到统一，必须处理好主和从、重点和一般的关系。比如帕拉第奥设计的圆厅别墅（图 2-42）。

现代建筑常采用各种不对称的组合形式，虽然主从关系不像古典建筑那样明显，但还是力求突出重点，区分主从，以求得整体的统一。比如图 2-43 中大家能看到的美国亚特兰大桃树中心广场旅馆中庭。

（a）立面

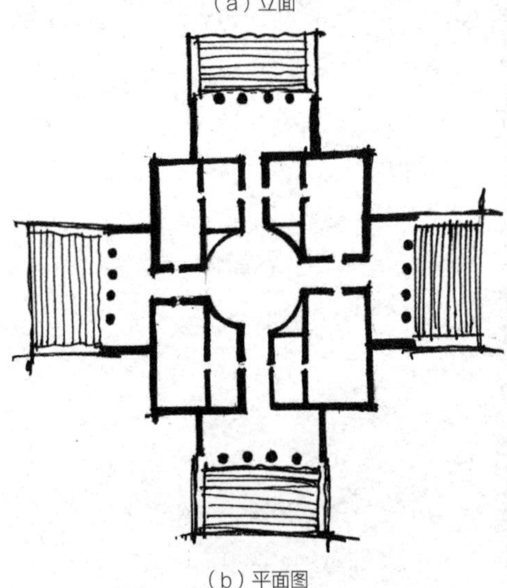

（b）平面图

图 2-42　圆厅别墅

图 2-43　美国亚特兰大桃树中心广场旅馆中庭

2.3.2　均衡构图

均衡与稳定是视觉秩序的重要原则。均衡是指在特定空间范围内，形式诸要素之间保持视觉上力感的平衡关系。均衡是人们进行视觉评价的最基本要求之一。均衡而稳定的建筑在心理感受上是安全的，也是舒服的。

1）对称均衡

阿恩海姆认为，每一个心理活动领域都趋向于一种最简单、最平衡和最规则的组织。毫无疑问，对称的形式是均衡的。对称的构图能表达安静、稳定、庄重和威严等心理感觉，并因此能给人以美感。对称带来的均衡最容易被识别和创造，中外建筑史上无数优秀的实例，都是因为采用了对称的组合形式而获得均衡统一的。中国古代的宫殿、佛寺、陵墓等建筑、西方文艺复兴到 19 世纪后期的建筑，几乎都是采用均衡对称的构图手法谋求整体的统一。图 2-44 是美国白宫，能看到对称的均衡。图 2-45 是世界十大教堂之首的巴黎圣母院，这是典型的对称的均衡。

2）非对称均衡

不对称的形式同样能带来均衡。由于对称的构图受到严格的制约，对称形式往往不能适应现代建筑复杂的功能要求，经常会采用不对称的形式。非对称的构图带来的均衡具有动感和变化的，适应性强，也更加生动。园林、景观中不乏这样的例子，常常运用不对称的方法来获得多样统一的和谐感受。现代建筑常采用不对称均衡构图，比如日本东京中银舱体楼（图 2-46）。

2.3.3　韵律节奏

韵律与节奏是音乐中的词汇。节奏是指音乐中音响节拍轻重缓急而有规律的变化和重复，韵律在节奏的基础上赋予一定的情感色彩。自然界中的许多事物，由于有序变化或有规律地重复出现而唤起人们

图 2-44　美国白宫

图 2-45　巴黎圣母院

图 2-46　日本东京中银舱体楼

的美感，这种美通常称为韵律美。我们常看到水滴落的情景，就是一种富有韵律的现象（图 2-47）。节奏则是指一些元素的有条理的反复、交替或排列，使人在视觉上感受到动态的连续性。韵律与节奏在建筑构图中的应用极为普遍。

1）连续韵律

以一种或几种组合要素连续安排，各要素之间保持恒定的距离，可以连续地延长，是连续韵律的主要特征。比如，图 2-48 建筑墙面的开窗处理，运用韵律获得连续性和节奏感。

图 2-49 伦敦市政厅，这个建筑的韵律变化则显示出明显的节奏。我们能看到建筑的外立面以相同的手法和比例逐层向外展开，形成了向上部渐收的空间，空间的节奏感极强。

2）渐变韵律

渐变韵律是指重复出现的组合要素在某一方面有规律地逐渐变化，例如加长或缩短，变宽或变窄，变密或变疏，变浓或变淡等。图 2-50 为卢浮宫美术馆入口大厅，在这个建筑中多处运用了韵律的做法，首先是中庭的顶界面，等分的线要素有序展开，形成了漂亮的韵律感。

3）交错韵律

交错韵律是指两种以上的组合要素互相交织穿插。现代空间网架结构的构件往往具有复杂的交错韵律。图 2-51 是海浦东司南鱼雕塑，用网架形成的交错韵律，引导着空间的延伸。

图 2-47　水滴落的情景

图 2-49　伦敦市政厅

图 2-48　建筑墙面的开窗

图 2-50　卢浮宫美术馆入口大厅屋顶图

图 2-51　上海浦东司南鱼雕塑

2.3.4 对比变化

1）体量对比

体量对比指两个毗邻空间，大小悬殊，当由小空间进入大空间时，会因相互对比作用而产生豁然开朗之感。中国古典园林正是利用这种对比关系获得小中见大的效果。

2）形状对比

形状的对比在建筑中经常用到。伊东丰雄设计的 mikimoto 珠宝旗舰店，以钻石剖面为基本形态的开窗，保持各种微差形态重复分布在建筑表皮（图 2-52）。

3）曲直对比

直线能给人以刚劲挺拔的感觉，曲线则显示出柔和活泼。巧妙地运用这两种线型，通过刚柔之间的对比和微差，可以使建筑构图富有变化。

4）虚实对比

虚实对比在建筑设计中非常常用。图 2-53 迈耶设计的道格拉斯住宅，白色的墙面与大面积纯净的窗形成强烈的虚实对比，成为一部被膜拜的不朽之作。

图 2-52　伊东丰雄设计的 mikimoto 珠宝旗舰店

图 2-53　迈耶设计的道格拉斯住宅

2.3.5 比例尺度

比例是指事物整体与局部及局部与局部之间的关系，造型艺术都存在比例是否和谐的问题。和谐的比例能带给人们美感，使组合的构图有较强的艺术表现力。好的形式组织都有适度的比例与尺度，即各部分之间、部分与整体之间的关系要符合比例。

人类的视觉在大量比例对比中形成对形式的某种“认知倾向”。设计师对比例的运用，本质上是追求一种抽象的形式获得秩序感的体验。运用几何方法所进行的形式分析，可以揭示设计作品如何受到比例规则的作用，设计师的操作思路及对某些比例的偏好。

在西方，有“黄金比”之说，在东方，则有“白银比”①，都是符合自然比例规律的，使用这种画面构图比例的作品更易于为人所接受。建筑中的数比关系随处可见。

2.4 案例分析

2.4.1 巴塞罗那国际博览会德国馆（Barcelona Pavilion）

建筑师：密斯・凡・德・罗（Mies van der Rohe）

项目地点：西班牙 巴塞罗那

建成时间：1929 年、1983 年（重建）

1929 年西班牙巴塞罗那国际博览会中的德国馆（图 2-54 ~ 图 2-56）是现代主义建筑大师密斯・凡・德・罗的代表作品。因其纯粹的空间、简洁的建筑语言和丰富的材质而在现代主义建筑史上具有里程碑的意义。

图 2-54　巴塞罗那国际博览会德国馆

① 白银比例是指事物各部分之间一定的数学比例关系，比值为 1 : 1.414。

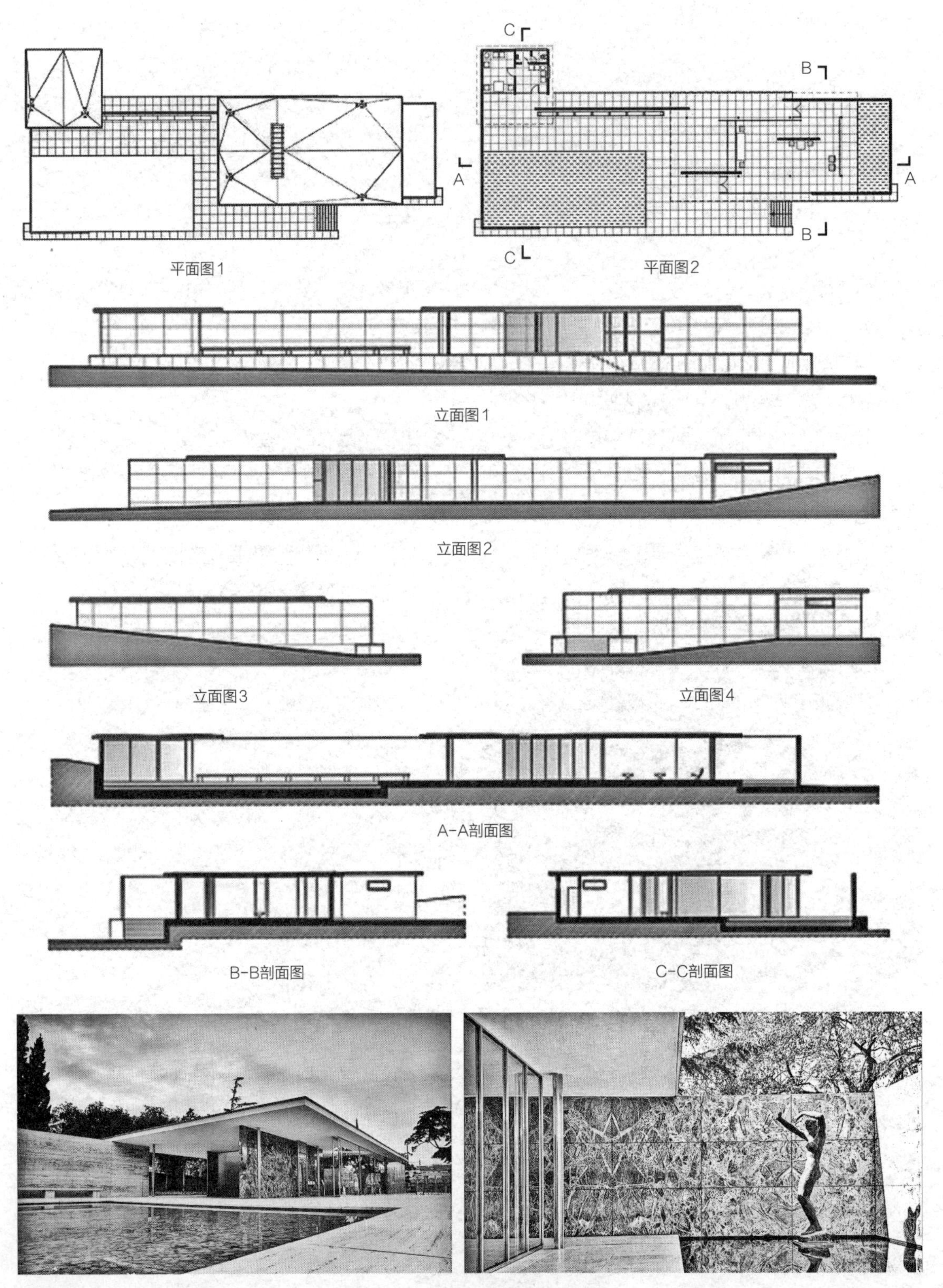

图 2-55 巴塞罗那国际博览会德国馆

利用网格严格控制平面生成，横向52个，纵向22个，外墙严格卡在网格线上，内墙偏离网格线，体现了极大的灵活度，玻璃界面从网格线向外扩充，内沿与之对齐，产生空间内—外逻辑区分。

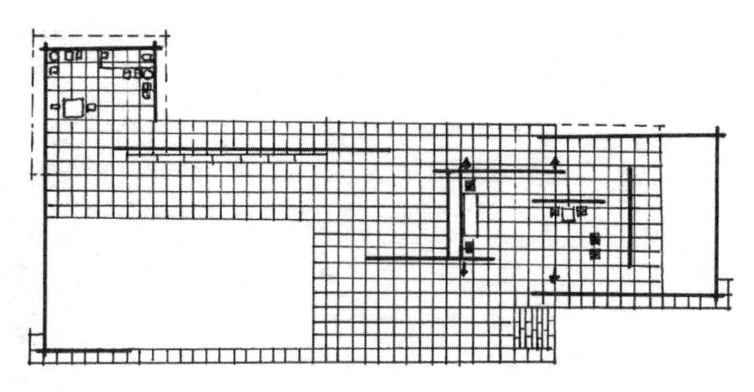

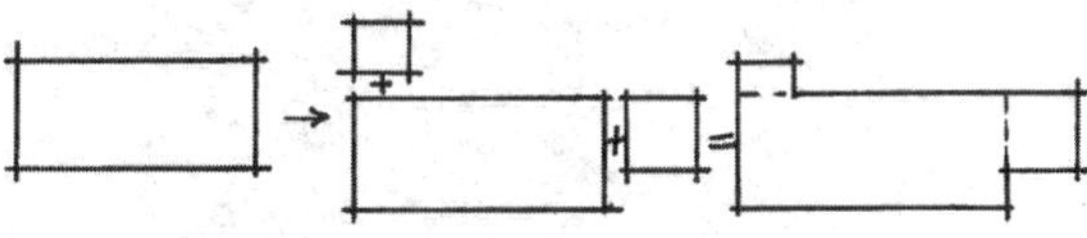

空间的二维生成

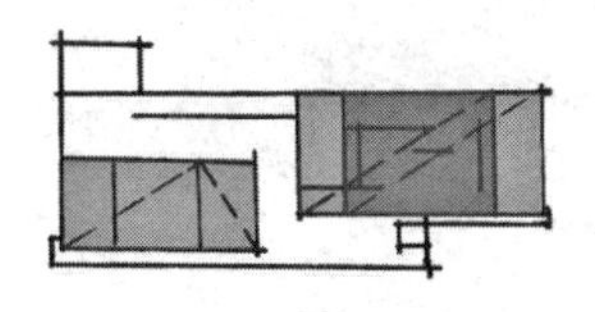

空间中的1：2矩形

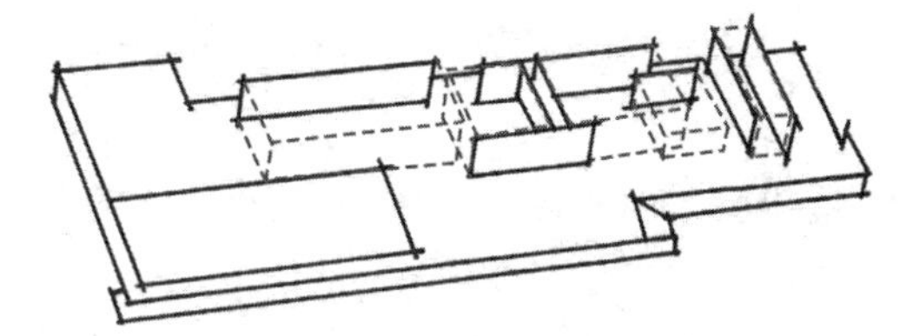

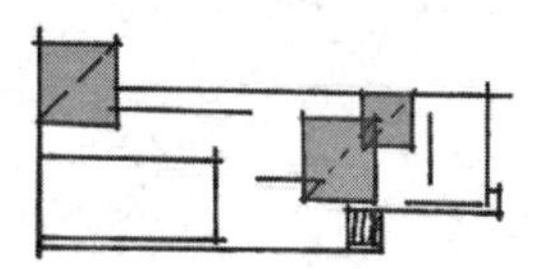

空间中的1：1矩形

不同界面围合出的不同矩形空间

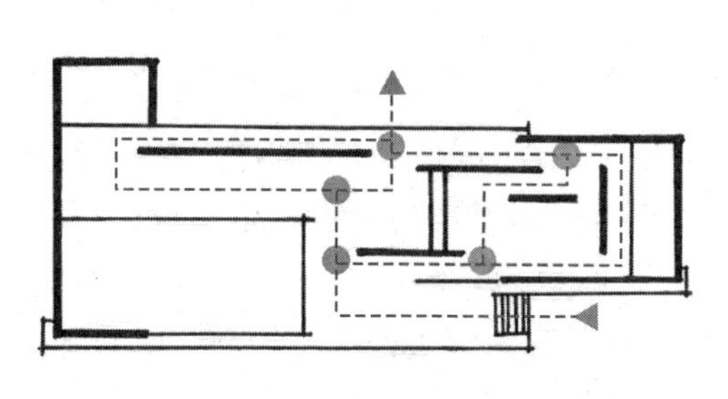

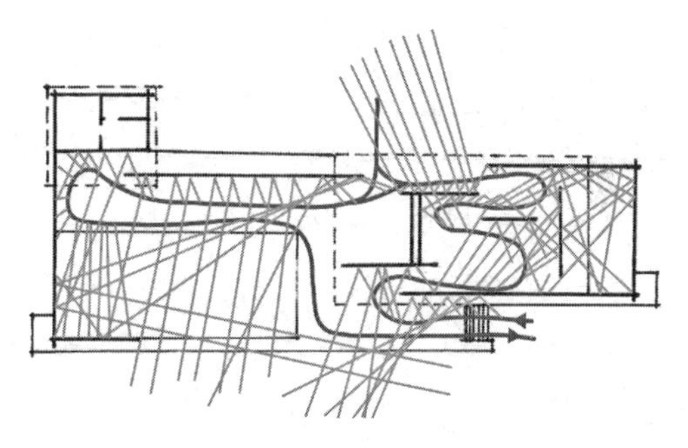

游客在空间流线中的不同选择点

游客在空间流线中的不同视线方向

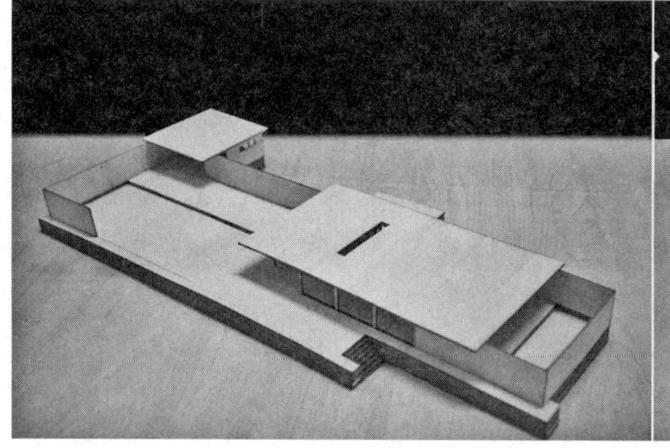

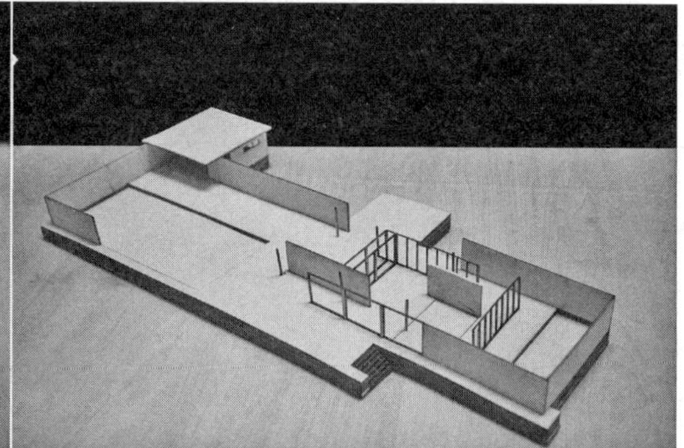

图 2-56　巴塞罗那国际博览会德国馆

密斯“流动空间”的设计理念在巴塞罗那德国馆中被淋漓尽致地体现。建筑平面如同一幅由不同粗细线条组成的抽象画，墙壁被抽象为线性几何元素而强调了其轻薄感。支撑屋顶的纤细钢柱解放了建筑的内墙，使其能被自由放置，玻璃和大理石墙体相互穿插，隔而不断，由此形成了纵横交错、相互渗透的室内空间。建筑外部大面积的玻璃幕墙、轻薄的屋面和室内延伸而出的墙体模糊了建筑内外的界限，使得建筑室内、室外空间彼此穿插、自由流动。

2.4.2 住吉的长屋（Asuma House）

建筑师：安藤忠雄（Tadao Ando）

项目地点：日本 大阪

建成时间：1979 年

住吉的长屋（图 2-57 ~ 图 2-59）是建筑师安藤忠雄于大阪完成的作品。建筑基于极端紧张的基地条件之下而呈现出狭长的比例。整个建筑对外封闭，为消解空间的闭塞，安藤忠雄将建筑分为三段，在中段置入中庭。在传统住宅中连续的起居空间被中庭所切分，整个长屋形成了一种以中心庭院为核心的非连续居住空间。中庭引入的阳光和空气改善了各个居室的采光和通风条件，透过明亮的庭院分离的起居空间得以在视觉与情感上联系起来。此外，室外庭院成为室内居室的延续，借由在庭院内穿行、驻留等日常行为，住户建立了一种同自然密切的结合。建筑师用这样一种“破天荒”的手法在这样一个四周混凝土围合的内向建筑中创造了丰富的空间体验。

图 2-57 住吉的长屋

2.5 建筑模型

作为建筑设计表现手段之一的建筑模型在当今飞速发展的建筑界和建筑院校专业教学中日益受到重视。建筑模型能够容其他表现手段之长、补其他手段之短，有机地将形式与内容完美地结合在一起，以其独特的形式向人们展示一个立体的视觉形象。对于刚刚进入建筑专业学习的同学来说，学习建筑模型制作，应从建筑设计的本原出发，理解建筑语言和建筑设计的内涵，明确建筑模型在建筑设计全过程各阶段中的作用，确定建筑模型的制作方式和流程，并通过建筑模型准确地表达建筑师的设计意图。在制作模型之前首先要了解处于设计不同阶段和不同层面建筑模型的种类，其次要明确所制作的模型所要表述的重点，在此基础上确定模型的比例和抽象程度后，进入模型实际制作阶段。在充分了解各种材料的特性，并合理地使用各种材料，熟练掌握各种基本制作方法和技巧后，制作出具有精确度和表现力的建筑模型。

1 入口　2 内院　3 厨房　4 浴室

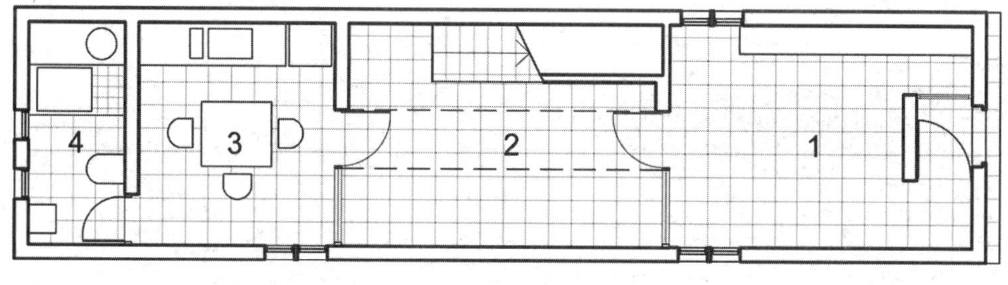

一层平面图

1 卧室　2 内院　3 工作室

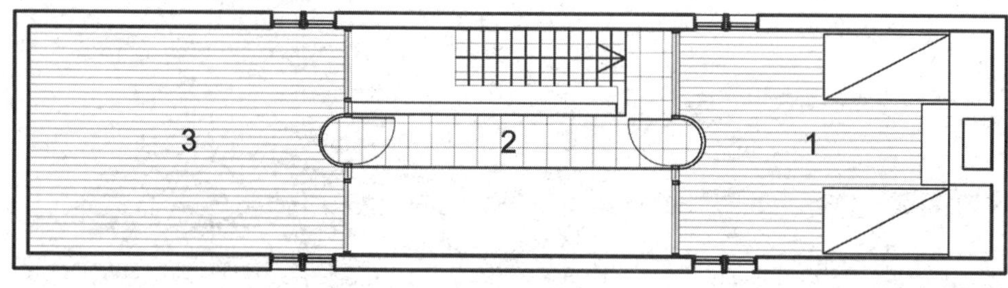

二层平面图

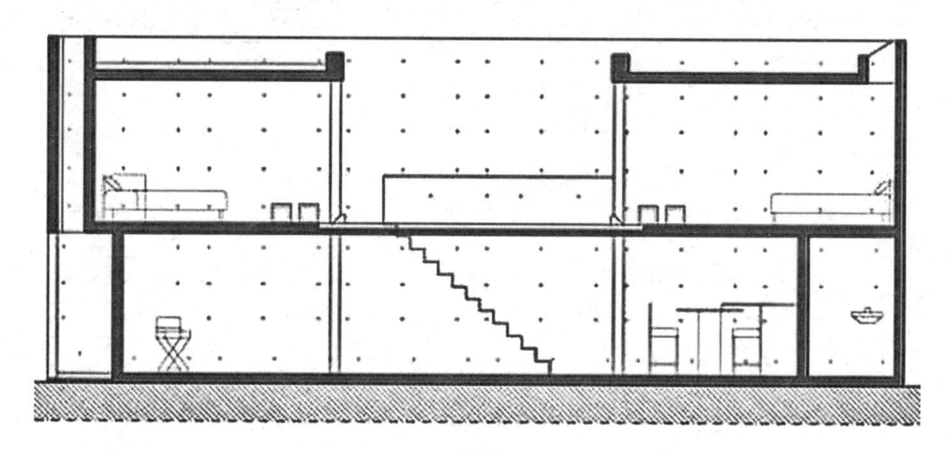

剖面图

图 2-58　住吉的长屋

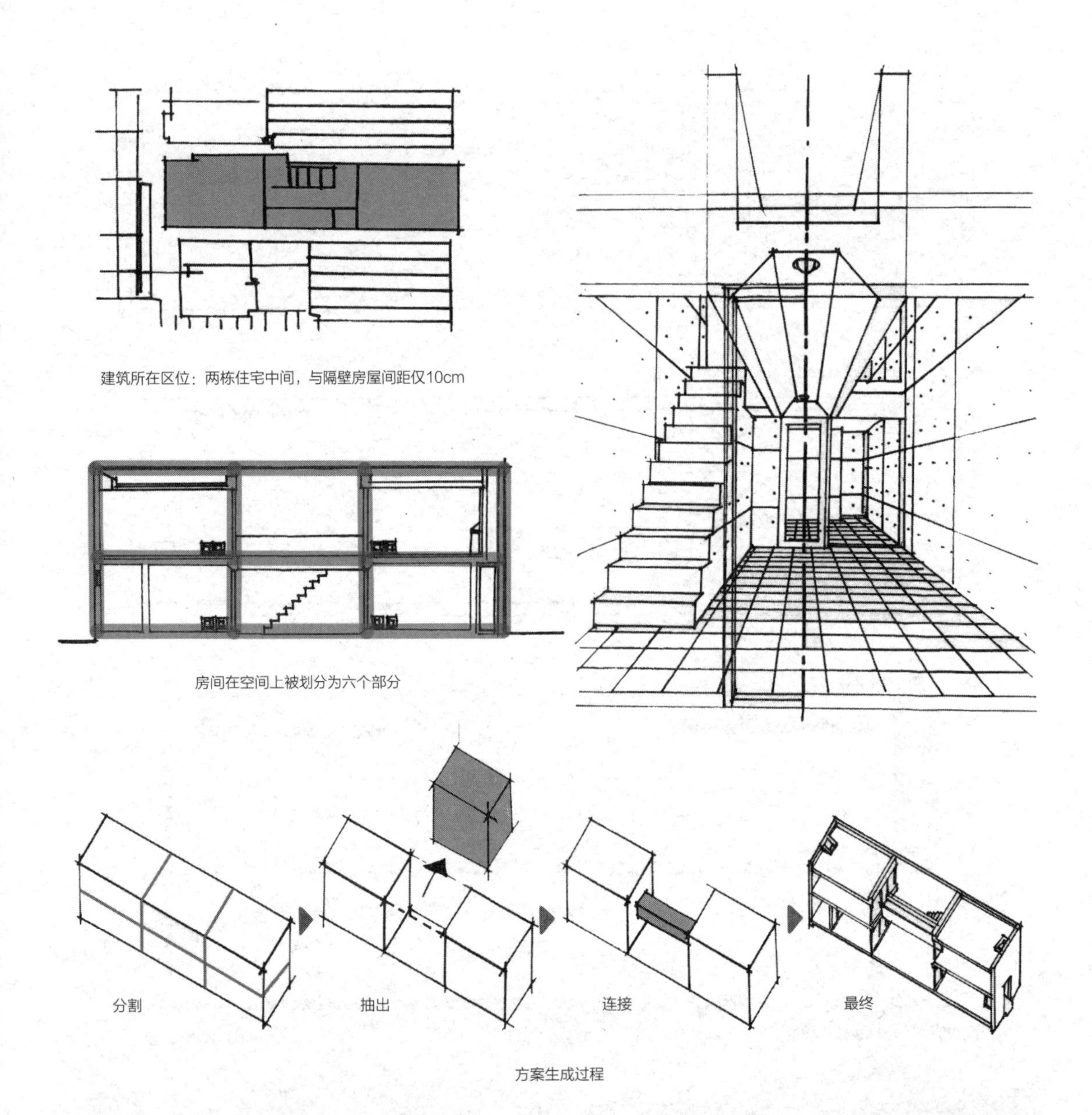

建筑所在区位：两栋住宅中间，与隔壁房屋间距仅10cm

房间在空间上被划分为六个部分

方案生成过程

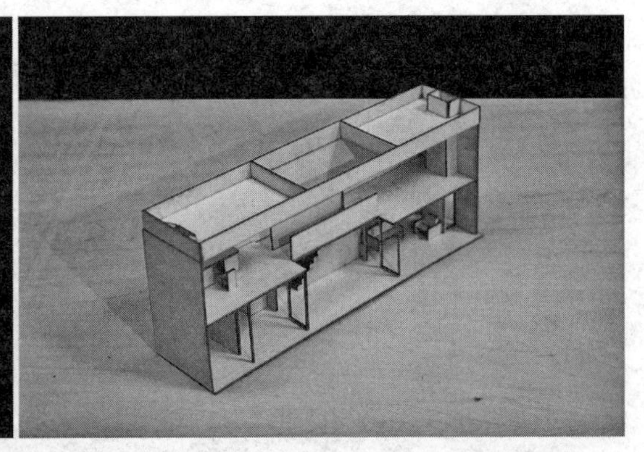

图 2-59　住吉的长屋

2.5.1　建筑模型的种类

在模型制作开始之前我们应该对制作对象进行充分考虑，明确模型是在哪一个设计阶段被制作的，其表达重点是什么，不同类型的模型对材质的选择、模型的尺寸以及其简化程度的要求都有所不同。在建筑方案设计过程中根据尺寸的不同、所需抽象程度的不同，模型可以分为多种类型。

1）概念模型

在建筑专业教学中，我们通常将概念模型作为一种激发设计创意、表达设计主题的训练手段。因为概念模型制作较为简单，利于交流，便于学生将脑中的理论想法与真实的建筑手段进行转换和调节，通过这种处理将对于建筑的结构和功能需求更为明确。概念模型的特点是具有高度的抽象化和典型性，并且不一定按照特定的比例进行制作，其功能在于方案原始创造性思维的表达，而不是建筑实际空间的展示（图 2-60）。

2）场地模型与体块模型

场地模型是对城市环境或自然环境的表现，它通常处于设计的前期阶段，表达了建筑方案与其周边地形的空间关系。从城市结构的角度而言，场地模型能够展示出新方案加入后城市结构及城市文脉的变化情况。场地模型的特点是高度的抽象，通常来说，一个项目可能会出现若干个方案，而场地模型一般只制作一个，进行方案讨论或者展示时将建筑模型“插入”场地模型中。而体块模型与场地模型相类似，它并没有包含面面俱到的建筑信息，而是提供了非常多样的不同设计组件以此来简化交流。这种模型主要表现的是建筑不同的组成部分之间的关系，从而使建筑师能够将精力集中在比例、形状等形体关系上。体块模型通常用于使建筑师和学生快速地设计和思考，并通过模型来检验它们的设计思路，并且对初步的设计想法有所升华。

3）设计过程模型

设计过程模型也被称为发展模型，它是一种非常有效的三维模型，通过这种模型，可以对设计思路进行拓展，通常用于设计发展阶段，并进行多方案比较。设计过程模型与最终表现模型之间的界线并不清晰，不是所有的表现模型都来自于设计发展模型，设计过程模型的特点是他们是由设计师制作的，而不是分包给专业模型师制作的，也就是说，设计过程模型传达的是“旅程”而不是“目的地”，因为他们明确地说明了思想、效果和致力于研究设计思想，展示了设计师设计过程中连贯的思维和通过通盘的考虑发展出的设计思路。在建筑学的学习过程中，我们制作的大多数模型是设计过程模型，这些模型具有双重功能：一方面揭示了方案设计的演变过程，另一方面展示出学生交流和学习的方法（图 2-61）。

图 2-60　用于设计初始阶段的概念模型

图 2-61　运用模型推敲案例“东京公寓”的体块生成

4）展示模型

展示模型也许是我们最熟悉的一种建筑模型，在大众面前出现的频率很高。展示模型表现的是整个建筑设计方案在某一阶段的设计结果，并且代表着设计师已经准备好和他们的客户或者大众探讨他们的设想。展示模型往往制作的非常详尽，是设计方案清晰而连贯的描述，同时也是对其三维形象的正式展现。一般来说，展示模型是所有模型种类中最容易展现出模型制作者工艺和经验的一种，但这并不意味着设计方案已经全部成型，而是在模型制作过程中，需要确保方案的重要特点及特性能够充分地展示出来。

2.5.2 建筑模型的应用

在了解了建筑模型的种类的基础上，模型制作者还应该进一步探究其要制作的模型将在何时、被何人、怎样应用的，从而使建筑模型本身具有自明性，在最大程度上对设计方案的表达起到辅助作用。通常来讲，模型有四种不同的应用方式：展示、预见、评估和探索。

1）展示性模型

在前文中按照在设计过程中模型分类中我们已经介绍过展示模型，在这里着重从功能方面来介绍。展示性模型是一项很实用的工具，用于向客户和公众等不像建筑师具有通过二维图纸来理解建筑的能力的人来展示设计理念，是一种作为沟通工具的描述性模型。因此展示性模型是为了更好地改进设计理念，与客户和公众沟通，而不是最终的方案结果。建筑的最终设计结果往往是在改进和沟通的过程中产生的，因此展示性模型制作时不是为了对方案作出重大调整，而是为了对方案进行微调，从而保证最终效果的完美。一个典型的展示性模型是对建筑小范围的细节性描述，在实际参数中，模型的材料越接近真实建筑的质感就越好，因为这样的模型能够更好地表达建筑设计意图（图 2-62）。

图 2-62 用于方案汇报阶段的展示性模型

2）预见性模型

预见性模型是用来预测建筑将来盖好的样子的。预见性模型主要是用来评估建筑的使用状况，因此也涉及对建筑周边环境的设计和预测。预见性模型和评估性模型的区别在于预见性模型用于评估建筑使用后的效果和质量，而评估性模型主要用于对建筑数据进行定性分析。一般来说，预见性模型可以更好地帮助设计者衡量设计变化对建筑的影响，通常用在设计过程的早期阶段。在过去的 20 年里，计算机软件的迅速发展对建筑设计领域带来的更多的可能性，允许我们将更复杂的信息进行数字模型，包括能量流、气候条件以及其他影响因子，因此当前预见性模型多为计算机软件建模和模拟式模型。

3）评估性模型

评估性模型的目的是探索在模型中没有表达却能通过模型联想到的与之相关的事物，评估性模型是为了提供大量的自然信息，这些可能的变化影响是可以预见的，而不是被具体测量的。因此评估性模型是有代表性的，但不是唯一的。评估性模型被使用在设计的最后阶段，这时很多相关变化因素都已经被确定下来了。各种模型的应用是有重叠的，这取决于建筑的使用者和使用方式，当模型不仅提供大量的信息，还提供了建筑使用的真实感受时，模型就既可以看作评估性模型，又可以是预见性模型。评估性模型在设计发展中起到重要的作用，在一些复杂项目中，评估性模型展示了一个设计过程与模型制作平行的方式。比如弗兰克盖里设计的迪斯尼音乐厅中，为了保证音乐厅的声学性能，设计团队通过制作 1：10 的精细模型来实现声学效果和创新性理念的整合。

4）探索性模型

探索性模型的主要目的就是推测设计的其他可能性，这一推测的过程包括对模型中的各种参数进行系统的分析，以此来找到这些参数变化的逻辑性。探索性模型可以被用做设计的一种手段，设计师可以通过探索性模型对方案的方向做出决定，或者是对某种信息进行表达，这是建筑设计的核心问题。探索性模型是用来实验和检测不同的设计可能性，因此在设计过程的很多阶段中都有应用，但主要用途还是在设计的前期阶段，通过模型帮助他们迅速地找到一个重要的设计方向，放弃其他很多不完善的想法（图 2-63）。探索性模型的主要特点就是为了探讨新的设计理念，包括建筑形态、结构方式、材料表现等。

图 2-63　通过模型推敲剧院建筑内部功能区块之间的关系

2.5.3　模型的抽象程度

明确了建筑模型将被应用于设计的制作目标和功能作用后，在模型制作前还应该思考模型制作的材料成本和时间成本，模型的精细度越高，通常其所需的材料与时间成本越高，因此选择恰当的模型的抽象程度对于合理的控制制作成本和充分的表达设计意图也至关重要。

1）建筑的简化

绝大多数的建筑模型都比真实建筑有所简化，而省略一些不需要表达的部分，如果模型不经简化处理而完全真实反映建筑方案的所有特色，这个模型将非常繁琐而且会模糊建筑方案的特色，让模型毫无指向性。从本质上来说，简化就是去除设计中不必要的组件或者细节。如果一个模型中表达的信息元素较多，人们看后就会留下较深刻的印象。因此在方案设计完成后展示方案成果的展示模型中，建筑师和学生们往往将模型制作得较为精细，从而最大化地呈现设计中的重要思想，加深观者对方案特色的理解。反之模型越简化，它表达的概念性就越强。在设计初期的模型中不要制作过多的细节，太多的信息会分散人们对方案本身的注意力而忽视方案的本质。应该省略大量不必要的细节，而将方案的重点突出出来，进一步提高方案的创新性提供更多的自由度。这种简化的概念模型不仅仅在建筑教育中尤为适用，也适合在建筑师与业主或公众进行最初的概念方案沟通的讨论会上使用。一般来说，很难确切的规定出模型应该简化到何种程度，因而对设计方案进行简化进而制作模型是建筑课程学习中应该培养的技能之一，它要通过制作模型的过程来加以积累和提高。

2）模型比例的选择

想要制作一个尺寸合适且满足使用需求的模型，选择合适的比例是至关重要的。我们在制作模型之前需要进行测量，预先制作一些模型部件或者计算按某个比例制作出的模型尺度大小，通过一定的比较之后确定模型的比例。大多数模型都采用一定的常规尺度来制作，尽管模型要比真正的建筑小很多，但同一个模型的不同部分要按照同一个比例来进行制作，从而保证彼此之间的关联性。模型的比例应由所需要表现和展示的内容所决定，例如要展现模型内部精确的结构细部就要做一个相对较大的模型，那么 1：10 或 1：20 的比例较为合适；如果要展示整个场地的规划则通常选择 1：500 或 1：1000 这种小尺度。当模型是为了在某个特定场所展示而制作时，场地物理环境的限制就会对模型的尺度起到决定作用。无论是什么样的设计，没有对尺度的正确理解，就无法将设计概念正确地通过模型表达出来。

总的来说，模型的用途决定了模型的尺度，而尺度决定了模型制作的简化程度，确定了这一点后就可以正式进入模型的制作阶段了。

2.6 练习与点评

2.6.1 练习题目：空间之形

教学目的

（1）学习通过一个结构有序的步骤来处理空间与形式的问题；

（2）以模型操作方法，学习实体与空间对应关系，理解实体对围合空间的限定性；

（3）学习三维空间与二维图纸表达的对应关系，掌握基本的模型制作和建筑图示表达方法；

（4）理解设计的过程以及如何通过作业、反思和再作业的循环来发展设计。

作业内容

在 6000mm × 3000mm × 2500mm 的空间容积内，组合单元组件，用以限定或围合空间。单元组件的尺寸如下：

（1）1800mm × 1500mm × 2000mm 或 2500mm × 1000mm × 2000mm，二者任选其一；

（2）2200mm × 1100mm × 200mm；

（3）300mm × 300mm × 2500mm；

（4）2000mm × 900mm × 450mm；

（5）600mm × 600mm × 60mm，2 个。

成果要求

（1）制作两种空间研究的组件，比例为 1：20。空间单元用灰色的硬卡纸做成套筒的形状，以便于在内部做单元组件的布置和空间研究。套筒的形状并不表示这是空间界定的状态，不是四面围合和两面开放的情况。单元组件用白色卡纸来制作，以和空间单元的颜色形成对比（图 2-64）；

图 2-64 单元组件示意图

（2）制作 8 组不同的单元组件布置模型，对模型进行拍照；

（3）用平面图和剖面图记录每组单元组件布置模型，比例为 1：50。

2.6.2 作业点评

1）作业 1 点评

该作业通过不同体块的组合，对空间的限定，形成空间的流动感（图 2-65）。当实体体块与实面之间生成的空间的夹角越大时，限定度越强，流通感减小，相反角越小，流通感越大。同时根据体块的放置产生多种空间动线，使内部空间体验感进一步加强，交流感也得以提升。

如图 2-66、图 2-67 所示，该学生在设计中充分考虑了空间的限定度与流动感。空间的流动感直观地决定使用者在使用空间中的体验与感受，不同的流线将给予使用者多方面的空间体验。

图 2-65　作业 1 工作模型

图 2-67　作业 1 动线分析

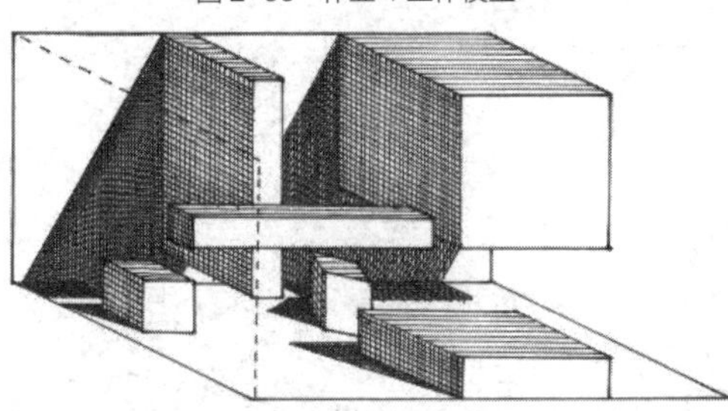

图 2-66　作业 1 动线分析

图 2-68　作业 1 平面分析

图 2-69　作业 1 剖面分析

如图 2-68、图 2-69 所示，该作业的亮点是通过体块不同位置以及标高，来获得空间的收放变化。不同位置的体块分别在不同程度上对空间起到了限定与流通作用，使空间更加具有趣味性与多种可能性：不同高度体块的放置，则使空间产生收放变化，使其更加具有空间体验感。

2）作业 2 点评

该作业通过体块的置入使整体空间打散为多种空间的组合（图 2-70）。多种体块聚集组合，形成阶梯式过渡，到达由较分散体块设立的中心空间。体块的分散与聚集生成不同的空间感受。聚集的体块形成强烈的单一导向性，分散体块则生成不同的游走路径的复合空间，在路线行进中将产生多种的空间体验与感受与多重视觉变化。

如图 2-71、图 2-72 所示，根据空间围合分析，不同标高体块限定空间使其产生丰富的变化，同时条状体块的设立与矩形体块的围合使得空间产生模糊的界限感。

如图 2-73、图 2-74 所示，在平、剖面上，体块的不同体量为空间提供一种不稳定性与动势。通过竖向体块和横向体块的组合限定空间，同时中心体块用于加强空间的中心感空间的切割增加了流动感，也使多种动线同时扩散，空间趣味性得以提升。

图 2-70　作业 2 工作模型示意图

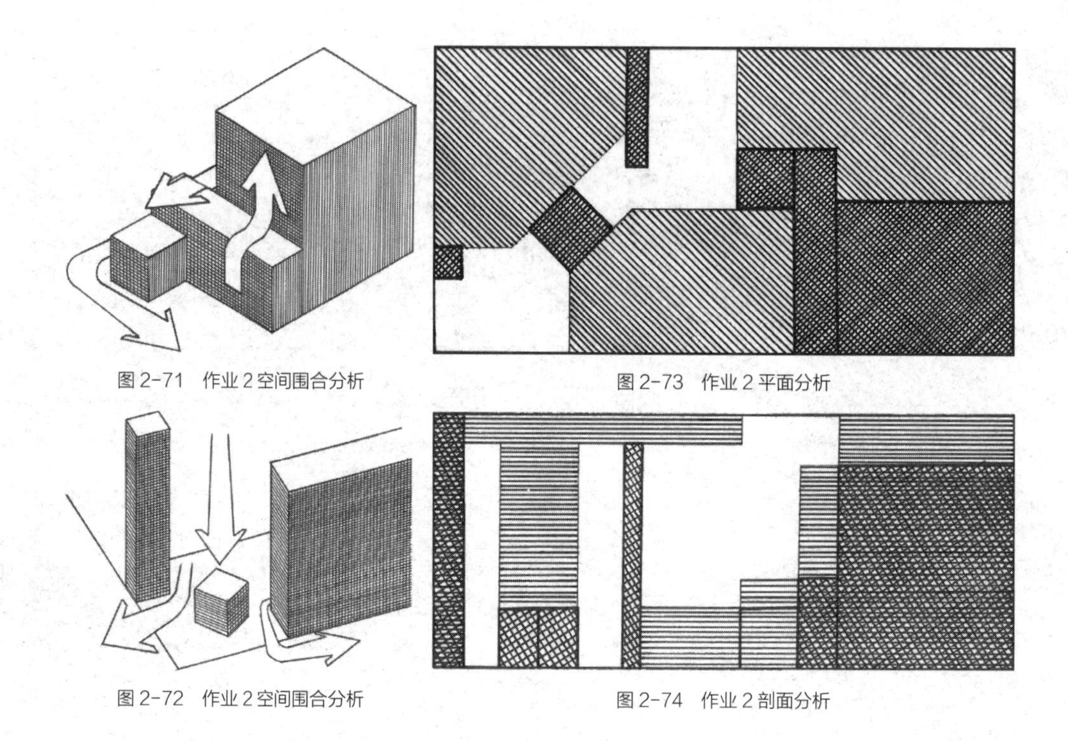

图 2-71 作业 2 空间围合分析

图 2-73 作业 2 平面分析

图 2-72 作业 2 空间围合分析

图 2-74 作业 2 剖面分析

本章参考文献

[1] 鲁道夫·阿恩海姆．艺术与视知觉(新编)[M]．孟沛欣，译．长沙：湖南美术出版社，2008.

[2] 汪晓茜，刘先觉．外国建筑简史[M]．北京：中国建筑工业出版社，2010.

Chapter3

第3章 Functions of Architectural Space 建筑空间的功能之用

形式各异的建筑空间会带给人不同的心理感受，而建筑空间营造的根本目的即是为人所用，以满足人们物质与精神方面的需求。因此不同的建筑空间都具有相应的特定的功能，随着时代的变迁和发展，人们对建筑空间的功能需求也在不断变化。

3.1 空间的建筑功能

3.1.1 功能的基本问题

建筑功能的概念要追溯到公元前 27 年，当时由古罗马建筑师维特鲁威写了一本书叫《建筑十书》，如图 3-1 所示。这本书是西方古代保留至今唯一最完整的古典建筑典籍。在书中最早提出了建筑的三个原则：适用、坚固、美观。对建筑设计提出了一个最基本的要求。到新中国成立之后，建筑师梁思成提出适用、经济、美观这样的一个建筑方针，它是当时中国建筑创作的一个法则，而且这个建筑方针符合了当时的社会条件和经济条件。

图 3-1 《建筑十书》维特鲁威

1）建筑功能的定义

那么建筑功能到底指的是什么呢？建筑功能是指建筑具体的目的与要求。具体来说，就是建筑是干什么用的，它能够满足人们什么样的使用要求。从法国建筑理论家和历史学家维奥特·勒·杜克在《历代人类住屋》提到的“第一座住屋”能够看到，这种原始的住屋实际上通过一些树枝的围合和遮挡，起到了为人们遮风挡雨的作用，它主要功能就是遮蔽的功能。这也是世界上最早出现的人类住屋使用上的功能。

2）建筑功能的类别

（1）建筑的物质功能

建筑功能的分类，从广义上来说可以分为物质功能和精神功能。建筑需要考虑使用者在其中的活动内容和他们的生活习惯，建筑在满足生理、物理等物质功能要求时，创造的空间尺度适意，朝向良好，开窗合适，这些同时保证了建筑空间舒适。如图 3-2 所示，这是意大利威尼斯的圣马可广场，建筑的围廊作为广场一部分，在下雨的时候它起到遮风挡雨的作用。这是建筑本身的一个很重要的物质功能，即遮蔽功能。

图 3-2 圣马可广场建筑中的拱廊起到遮风挡雨的功能

（2）建筑的精神功能

另一方面，建筑还应满足人们的心理需求，即空间能够表达出它所需要的使用者的特点，同时也应赋有一定的意义，这就是我们通常说的精神功能。从精神功能而言，最典型的建筑莫过于我们通常见到的教堂，或者宗教类的一些建筑。如图 3-3 所示是意大利罗马的万神庙，图 3-4 则是位于英国约克市的英国最大的哥特式的教堂：约克大教堂。这两个教堂有一个共同的特点，光线从上面折射下来，给人一种幽暗迷离的效果，产生一种神秘的宗教气氛和肃穆感及给人以压迫感。这样就会使信徒产生一种接近上帝的奇妙感觉，从而使信徒的精神得到一种慰藉。这是从精神类的层面来讲，宗教建筑是很典型的一个建筑类型。

图 3-3　意大利罗马万神庙

图 3-4　英国约克大教堂

从精神功能来说还有一种比较典型的建筑类型，就是建筑纪念馆的建筑类型。图 3-5 与图 3-6 是丹尼尔·里伯斯金设计的德国“柏林犹太人纪念馆”，阴冷黑暗的一个狭长的空间，微弱的光线，使参观者无不感受到大屠杀受害者临终前的绝望与无助，以及由此混乱的图形表达出的欧洲集体意识中最薄弱的、最痛苦的回忆内容，这是纪念馆在精神上一种表达。

图 3-5　柏林犹太人纪念馆建筑外墙

图 3-6　柏林犹太人纪念馆建筑外墙细节

（3）建筑的城市优化功能

作为构成环境和城市整体的一个元素，建筑还具有另一种功能——实现城市整体环境的最优化。图 3-7 所示是贝聿铭设计的卢浮宫的改造工程的外观。贝聿铭作为世界最著名的华裔建筑师，在卢浮宫的改造工程中，他在卢浮宫广场做了一个玻璃的金字塔，这个金字塔作为地下建筑扩建的入口，也作为卢浮宫广场一个标志性景观，被称为广场上的明珠。由于和古老的卢浮宫历史建筑的完美结合，玻璃金字塔实际上已经成为城市环境中的一个重要的景观标志，如图 3-8 所示。建筑作为城市环境一部分，为城市起到增光添彩的作用。

图 3-7　卢浮宫玻璃金字塔外观

图 3-8　从卢浮宫玻璃内向外看

3）建筑功能的组成

如果对建筑使用功能作一个分类，建筑使用功能可以分为主要的使用功能、辅助的使用功能和交通功能。与使用功能相对应的空间可分为主要的使用空间、辅助的使用空间和交通空间。

这里以游泳馆作为一个实例，如图 3-9 所示。从主要的使用空间来说，在游泳馆里主要是指反映建筑功能特征的房间，比如比赛池、练习池、跳水池等，这些都是主要的使用空间，如图 3-10 所示。

作为辅助使用空间，在游泳馆里有更衣室、淋浴室、厕所、总服务台、空调机房、配电间、工作人员办公室、观察急救室以及值班室等等这样一些服务用的、辅助用的使用空间。最后一个是交通联系的空间，是指在游泳馆里将各种功能使用空间联系成一个整体的空间，比如门厅、走廊和楼梯等等这样一些交通联系空间。

图 3-9 浙江省黄龙体育中心游泳跳水馆

图 3-10 黄龙体育中心游泳跳水馆室内

3.1.2 空间的功能要求

1）单一空间的功能要求

建筑功能本身包括了三种规定性：第一种是建筑功能决定空间的“量”，就是空间的大小和容量，这是第一种规定性。第二种是建筑功能决定空间的“形”，即决定空间的“形状”。第三种是建筑功能决定空间的“质”，也就是说决定空间的“质量”。

（1）空间“量”的要求

所谓空间的“量”是指空间的大小和容量。不同的使用功能直接决定了所在空间的大小和容量，如图 3-11 所示。在实际工作中，一般以平面面积作为空间大小的设计依据。根据功能的需要，一个空间要满足基本的人体尺度和达到一种理想的舒适程度，它的面积和空间容量应当有一个适当的上限和下限，一般不要超过这个限度。住宅中，一个普通的居室面积大约在 10 ~ 20m^2。这就是一个居室的上限和下限。这里我们可以看到，在一个住宅中它会有卫生间、厨房、卧室、起居室等等。随着使用功能的不同，这样的一些房间在空间大小和容量上会有变化，起居室作为住宅中最主要的使用空间，它可能相对来说比较大，从厕所和卫生间这样的空间可能稍微小一些，就能满足具体的使用功能。所以我们说根据空间的使用功能的不同，它的空间的“量”是不同的。

（2）空间“形”的要求

所谓空间的“形”是指空间的形状。建筑功能决定空间的“形”，也就是说决定空间的形状。空间有多种多样的形状，比如说通常的长方体、球体、锥体等等。对于特定环境下的某种使用功能，总会有最为适宜的空间形状可供选择，这本身就是一个优化组合的过程。那种随意牺牲功能，而片面追求空间形体变化的设计手法是不可取的。

图 3-12 中雅典奥运主场馆是由建筑师卡拉特拉瓦设计的，该工程是一个有二十年历史的旧场馆的加建工程。如图 3-13 所示，由于奥运会在酷热的盛夏举行，为了使大部分观众能舒适地欣赏比赛，要求把有盖的座位尽量增加。建筑师在原场馆上加上两条长 304m，高 80m 的大型拱梁，再用钢缆拉起总面积超过 1 万 m^2 的屋顶。这能使容纳超过七万人的场馆改建之后，它的座位由原来的 35% 增加到现在的 95%。所以我们看空间的“形”不是无中生有的，建筑师通过这样的形态创造，使功能有了很大的改变。

图 3-14 所示哈尔滨大剧院中观众厅的平面形状是我们最常见的钟形剧场。钟形平面的两侧为曲

面，后墙结合座位的排列是弧形平面，钟形平面可以看作是矩形平面的一种改进。它保留了矩形平面结构简单和声音分布均匀的特点，减少了偏座，并可适当增加视距较远的正座，有助于调整声场分布。可以看到这样的一种平面形状的选择是以声音、视线等等使用功能作为基本出发点的。这是钟形平面剧场的使用。图 3-15 中哈尔滨大剧院室内空间的形状和使用功能是统一的。

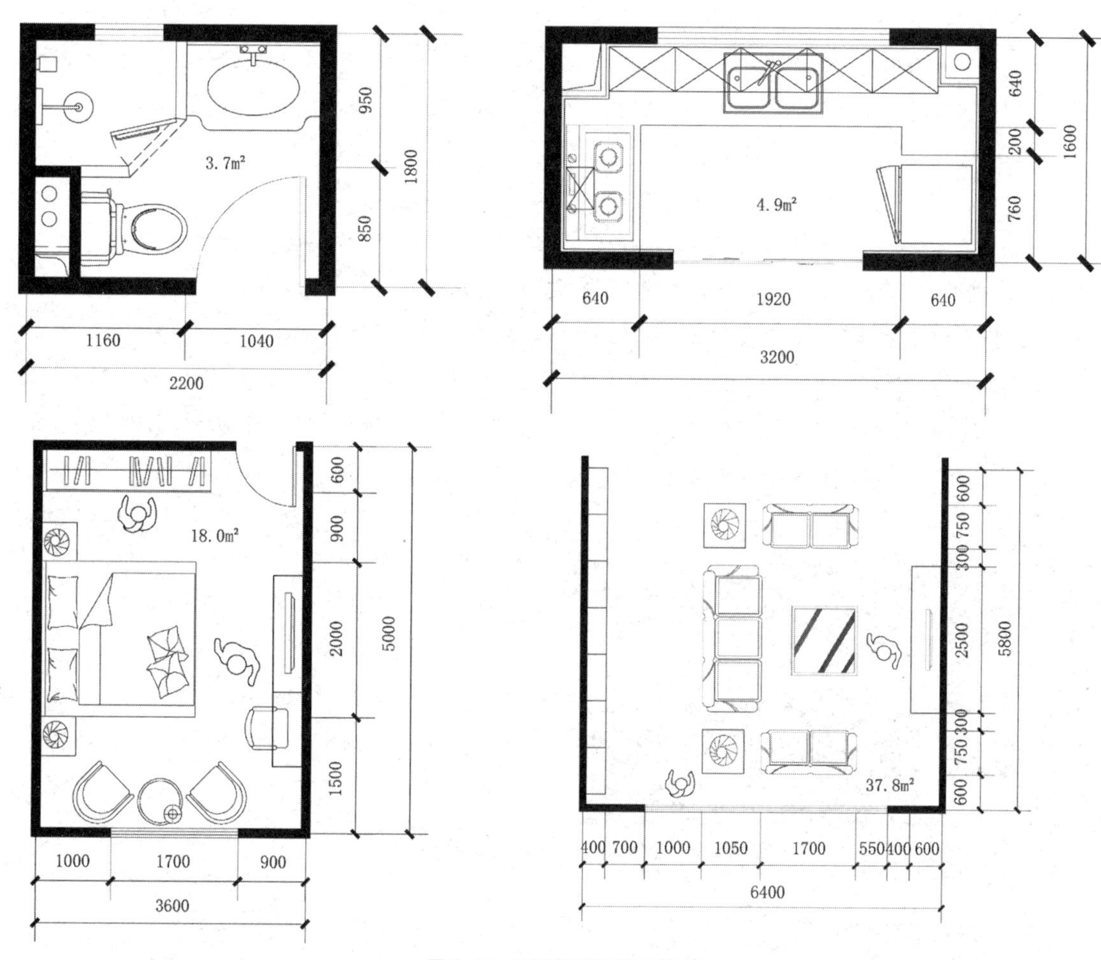

图 3-11　不同空间的量各不相同

图 3-12　雅典奥运主场馆

图 3-13　雅典奥运主场馆拱梁结构

图 3-14　哈尔滨大剧院观众厅的平面形状

图 3-15　哈尔滨大剧院室内

（3）空间“质”的要求

所谓空间的“质”，主要是指空间满足采光日照、通风等相关要求。建筑功能决定空间的“质”，也就是说决定了采光、通风、日照和保温等。遮风避雨、抵御寒暑几乎是一切建筑空间所必备的条件，某些特定的空间有防尘、防震、恒温、恒湿等特殊要求，主要是通过机械设备和特殊的构造方法来保证，而对一般建筑而言，空间的质主要涉及开窗和朝向等方面。图 3-16 是意大利的罗马万神庙，这里空间的质主要是要满足宗教场所所需要的神秘、祥和、安宁的气氛营造。光线从穹顶的空洞透射进来，使空间充满了浓厚的宗教气氛。图 3-17 则是巴黎戴高乐机场 2 号航站楼机场。作为机场的候机楼，空间的采光方式完全不同于教堂。宽敞、明亮、舒适的空间使用要求，决定了戴高乐机场采用大面积玻璃窗的形式。

图 3-16　罗马万神庙内殿

图 3-17　巴黎戴高乐机场 2 号航站楼

2）复合空间的功能要求

（1）复合空间

复合空间即是由多个单一空间组合而成的，不同的建筑功能决定了单一空间组合方式的不同。多数建筑都是由许多房间组合而成。房间与房间之间从功能上讲都不是彼此孤立的，而是相互联系的，只有处理好了房间与房间之间的这种关系，使人们在其中从事活动的时候不发生冲突，这个建筑的功能才能说是合理的。

（2）功能分区

功能分区意味着对这些不同的使用空间的整合与概括。相互的联系，彼此的分隔——将空间按不同的功能要求进行分类，并根据它们之间联系的密切程度加以组合。合理的功能分区就是既要满足空间使用中各部分之间相互联系的要求，又要创造必要的分隔条件。相互联系的作用在于达到使用上的方便，分隔的作用在于区分不同使用性质的房间，避免使用中的相互干扰和影响，以保证有较好的卫生隔离或安全条件，并创造比较安静的环境。

（3）功能分区的基本标准

① 主次分区

建筑空间的主与辅，是指空间的主要使用与次要使用的部分。要处理好主与辅的关系，一般的规律是：主要使用部分布置在较好的区位，靠近主要出入口，保证良好的朝向、采光、通风以及环境等等这样一些条件；辅助或附属部分则可放在比较次要的区位，朝向、采光和通风条件可能就会稍稍的差一些，并且在辅助的部分常设单独的服务入口。

图 3-18 是电影院的功能关系分析，我们可以看到，作为电影院来说，观众厅是最主要的使用空间，位于较居中的位置，也是比较重要的位置。其他的一些辅助性的使用空间，比如说小卖区、冷饮、录像以及管理办公的空间，会作为辅助空间布置在较为次要的位置。

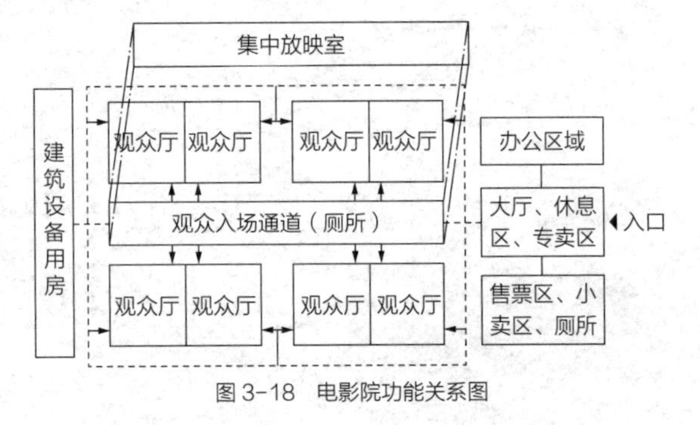

图 3-18　电影院功能关系图

图 3-19 是建筑师董功设计的三联书店海边公益图书馆的一层平面。主要的使用空间比如阅览区、阅读休息区、休息区等，布置在景观朝向好的方位并且靠近主要的入口，保证良好的朝向、采光、通风。而次要的使用空间比如办公室、洗手间、储

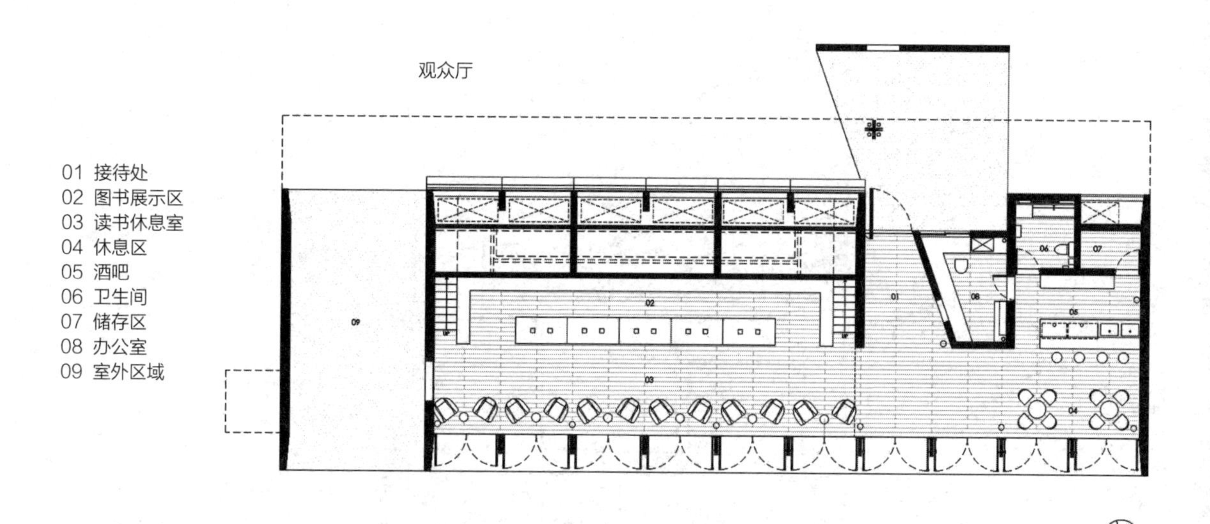

图 3-19　海边图书馆一层平面图

藏间等放在建筑较为隐蔽的一侧，它们的朝向、采光、通风等条件相对而言就会稍微差一些。

② 内外分区

建筑空间的“内”与“外”，是指空间的内向性与外向性，也就是说要处理好建筑空间内与外的关系。任何一类建筑物中的各种使用空间，有些对外性强，供外部人员使用，比如宾馆的大堂、饭店的餐厅。也有些对内性强，主要供内部工作人员使用，如内部办公、仓库及附属服务用房等。在进行空间组合时，也必须考虑这种“内”与“外”的功能分区。一般来讲，对外性强的用房（如观众厅、陈列室、营业厅、讲演厅等）人流大，应该靠近入口或直接进入，使其位置明显，便于直接对外，通常环绕交通枢纽布置，而对内性强的房间则应尽量布置在比较隐蔽位置，以避免公共人流穿越而影响内部的工作。举例来说，我们一般家庭的住宅，入口、起居、娱乐等属于对外性强的空间，而卧室、书房、健身房等房间则属于对内性强的空间。通过合理的内外分区有利于居住功能的良好的实现。

图 3-20 是陕西省博物馆，博物馆对外分为陈列、展览、教育与服务分区，是博物馆对外开放的区域，主要由门厅、基本陈列室、临时（专题）展览厅、教室、讲演厅、视听室、休息室、餐厅等组成。对内分为藏品库区、技术工作区、行政与研究办公区等，对内区域是博物馆供内部工作人员使用的空间。分区应避免互相干扰，在入口设置、交通流线安排上应予以充分考虑，尽量避免干扰的情况发生。

③ 动静分区

所谓建筑空间的动与静，也就是空间的动态与静态。建筑中一般供学习、工作、休息等主要使用空间，希望有比较安静的环境，而部分用房在使用中嘈杂喧闹，甚至产生机器的噪声，这样就要求把有互相干扰的各个空间进行适当的隔离。对于住宅来说，卧室、书房等部分作为个人的、私密性强的空间，应布置在比较安静的位置上，而起居室、客厅等部分作为公共的、开放性强的空间，则应布置在临近道路及距出入口较近的位置上，如图 3-21 所示。

图 3-22 所示为上海园林宾馆，该宾馆的动态与静态空间划分得非常清晰，主要是通过一个内院将公共裙房和客房进行分离，餐厅、健身、活动、洗浴等都放在公共的部分，客房则属于比较私密的区域，二者互不干扰，有各自独立的空间，它们通过主入口和内院进行联系。这样由公共部分和客房构成的动静两区既相对独立又联系密切。

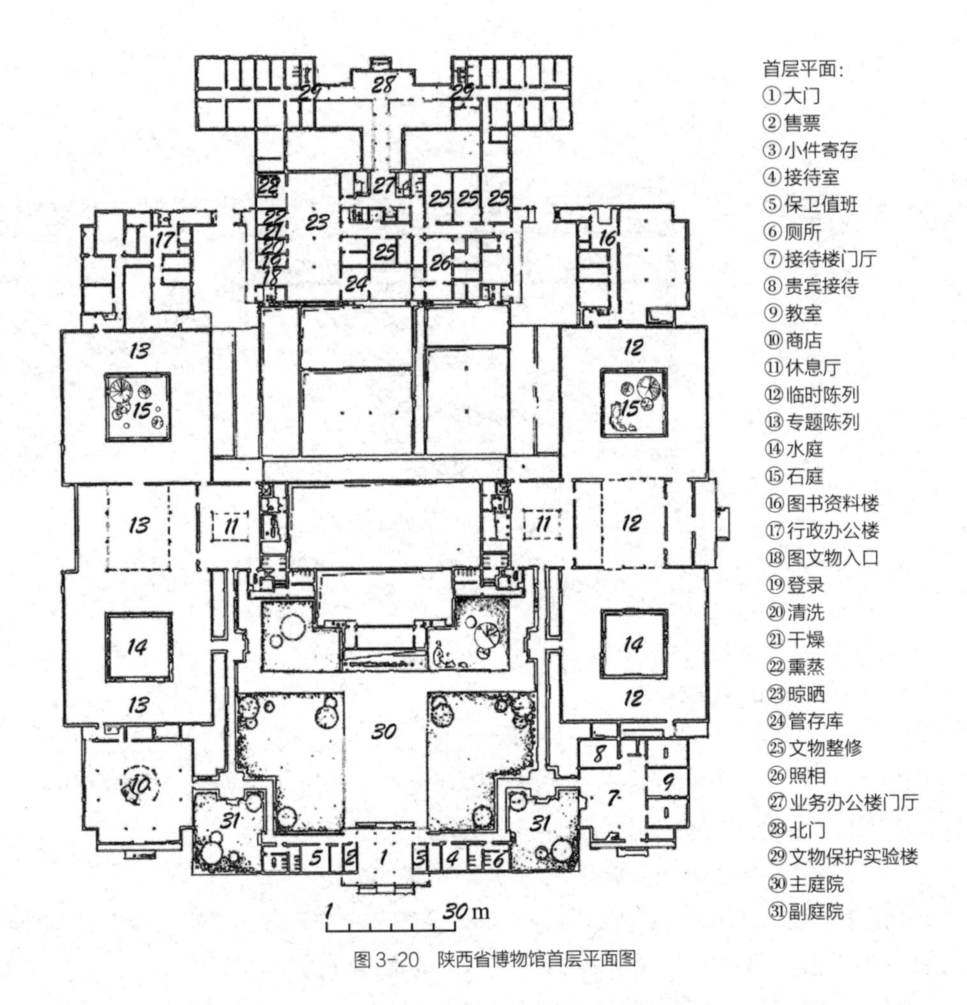

图 3-20 陕西省博物馆首层平面图

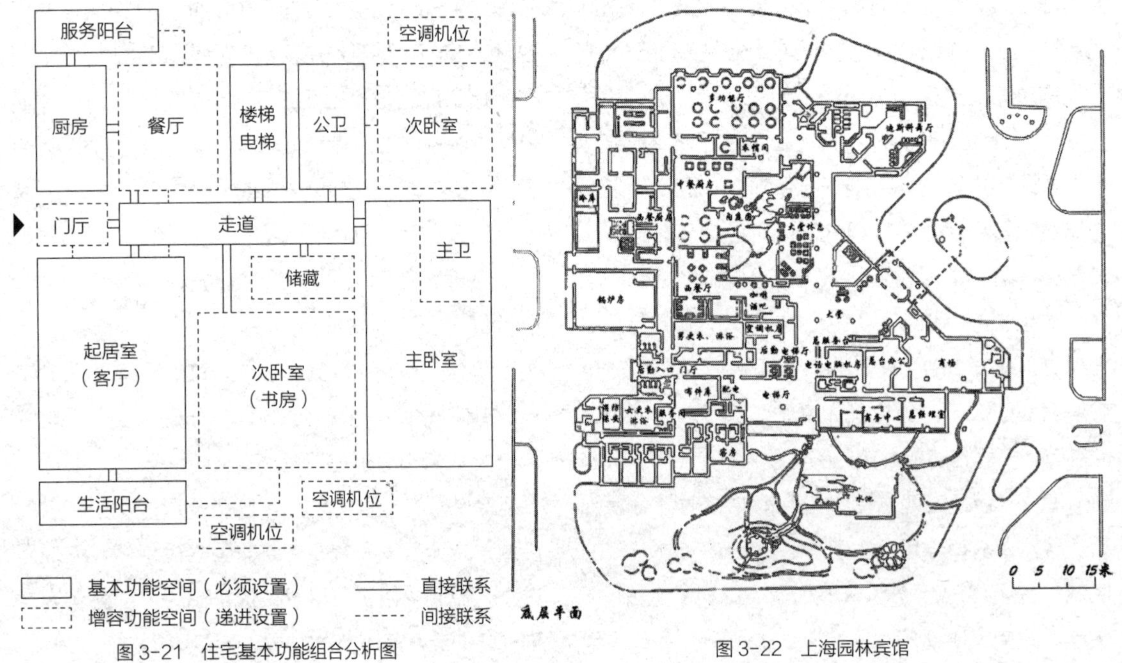

图 3-21 住宅基本功能组合分析图

图 3-22 上海园林宾馆

④ 洁污分区

建筑还要处理好“净”与“污”的功能分区关系。建筑空间的净与污，是指依据空间的干净与污秽进行功能分区。建筑中某些辅助或附属用房，比如厨房、锅炉房、洗衣房等，在使用过程中会产生难闻的气味、烟灰、污物及垃圾等脏物，必然要影响主要使用房间，在设计中在保证必要联系的条件下，要使二者相互隔离，以免影响主要工作房间。一般应将它们置于常年主导风向的下风向，且不在公共人流的主要交通线上。此外，这些房间一般比较零乱，也不宜放在建筑物的主要一面，避免影响建筑物的整洁和美观。因此净污分区常以前后分区为多数，也有少数从竖向上将污区置于底层或最高层。建筑师崔愷做的北京丰泽园饭店，他把锅炉房放在角落里，使净、污能够分离的比较明确，如图 3-23 所示。

图 3-23　北京丰泽园饭店

除了建筑的功能分区，建筑功能对复合空间的规定性还包括建筑流线的组织。合理的交通路线组织就是既要保证相互联系方便、简捷，又要保证必要的分隔，使不同的流线不互相交叉和干扰。建筑流线组织主要有三种方式：水平方向的组织、垂直方向的组织、水平和垂直的结合。图 3-24 是理查德·迈耶设计的住宅，从水平方向和垂直方向按照不同的使用要求组织交通流线，做到了流线清晰，联系便捷，互不干扰。

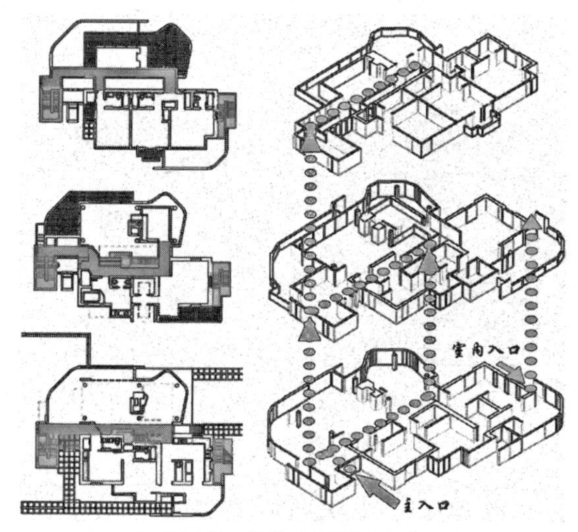

图 3-24　纽约威彻斯特郡住宅

3.2　空间的功能尺度

3.2.1　空间尺度的基本问题

建筑是供人使用的，其空间尺度应满足人体活动的需求。人体尺度和人体活动所需的空间尺度是确定建筑空间的基本依据。

1）空间尺度的定义

空间尺度就是在不同空间范围内，建筑的整体及各构成要素使人产生的感觉，是建筑物的整体或局部给人的大小印象与其真实大小之间的关系问题。

尺度一般不是指建筑物或要素的真实尺寸，而是表达一种关系及其给人的感觉。人的自身是建筑空间尺度的基本参照。离开了人就没有尺度的概念。通常来讲根据人体尺度设计的家具以及一些建筑构件，是建筑中相对不变的因素，可以作为衡量建筑空间尺度的参照物，如图 3-25 所示。当我们熟悉了建筑尺空间度的原理后，可以用来指导建筑设计，使建筑物呈现出我们恰当的或预期的一种尺寸。

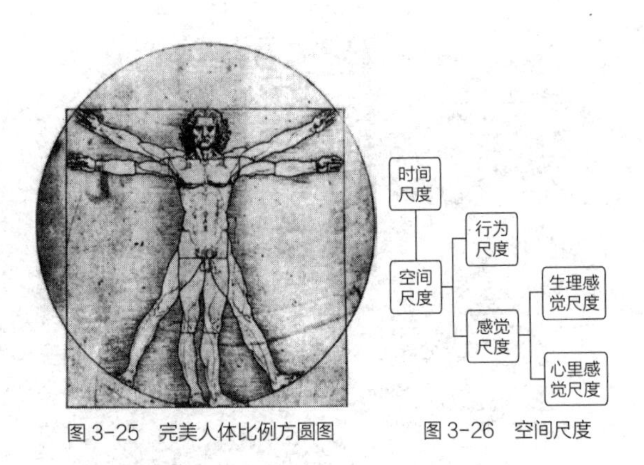

图 3-25 完美人体比例方圆图　　图 3-26 空间尺度

2）空间尺度的分类

空间尺度可以分为几种不同类型的尺度概念（图 3-26），一种是行为空间的尺度，另一种是感觉空间的尺度。其中感觉空间的尺度又可以分为生理感觉的尺度和心理感觉的尺度。此外还有时间尺度的概念，即随着时间的变化，空间尺度的要求也有变化。举个实例来说，比如一个体育场或者体育馆，在刚开始入场的时候，可能会有大量的人流，对人流的集散会有较大的尺度上的要求；而在进场之后大量的人流就会减少；等到体育比赛完结之后，人们在出馆的时候，人流会有很大的增加。所以说对体育场馆而言，人流数量会随着时间的变化而变化，因此人流的集散在时间的维度上对空间尺度有不同的要求。

3.2.2　空间尺度的设计依据

设计的基本尺度。设计的基本尺度分为静态的尺度和动态的尺度。静态的尺度是静止的人体尺寸，即人在立、坐、卧时的尺寸。一般建筑室内空间的尺度，按成年人的平均高度，加上鞋的厚度，这里鞋的厚度取 20mm。从动态的尺度来讲，它是指人在作业及动作在空间进行时所发生的尺寸。

柯布西耶作为现代主义建筑的大师之一，在他制作的模度系统的图示中，从人体尺度出发，选定下垂的手臂、肚脐、头顶、上伸的手臂四个部位作为控制基点，与地面距离分别是 86cm、113cm、183cm、226cm，如图 3-27 所示。这些数值之间存在着两种关系：一是黄金比关系；另一个是上伸手臂高恰为肚脐高的两倍，也就是 2260mm 和 1130mm。利用这两个数值作为基准，形成许多大小不同的正方形和长方形作为基本模度。柯布西耶模数理论的提出对现代主义建筑产生了很深远的影响。

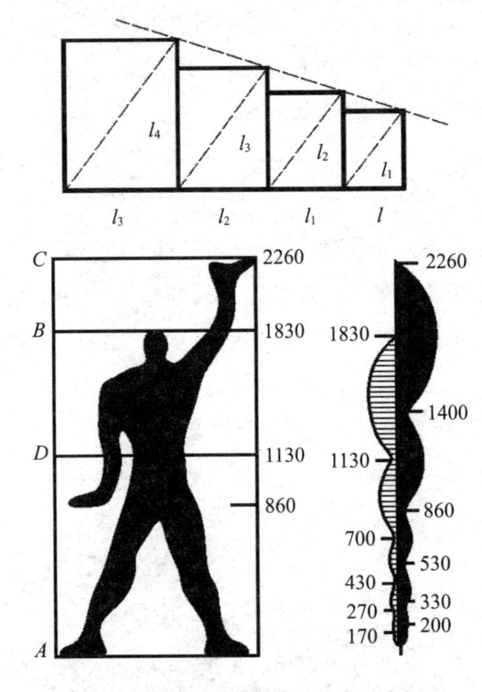

$AD=DC$，$BD/AD=AD/(AD+BD)$

图 3-27 柯布西耶创立的模数制

1）空间尺寸的影响因素

房间里的家具和使用它们的必要空间是确定建筑空间的重要依据，而家具尺度以及家具的摆放方式都会影响空间的使用效果。图 3-28 中我们可以看到家具布置与平面尺寸的关系，不同的床、沙发以及电视柜等等具有不同的尺寸，通过它们的摆放形成了一定的空间，该空间要求要满足人们的使用要求，这也是对于初学者来说应该注意的一个问题。在同学们的设计中，常常会看到，有的同学在进行室内布置的时候，把家具放在整个房间中的正中位置，周边可能只会留下一些走道，这实际上就是忽视了家具的这种摆放和空间的使用的对应关系。

门的最小宽度一般来说不要小于 0.7m，0.7m 是什么概念呢？就是我们在设计时，卫生间等一些小的房间门不要小于 0.7m。对于入户门来讲，我们通常把入户门的宽度设为 0.9m，有的时候如果房间大一些可能设为 1.2m。对于走道而言，如图 3-29 所示，也有一个最小的宽度。这个宽度要满足人在走道中的行走以及开门这样的使用要求。

楼梯在我们建筑设计中是很重要的部分，要满足楼梯的使用要求，就必须对它的尺度有一个适当的设计。在楼梯的设计中，一个人、两个人和三个人他们通行的宽度是有具体的设计要求的。对于楼梯的平台来说，要求休息平台的宽度要大于等于梯段的宽度。这样才能保证尺度比较大的家具，在搬动的时候能够顺利的从楼梯中进行运送。

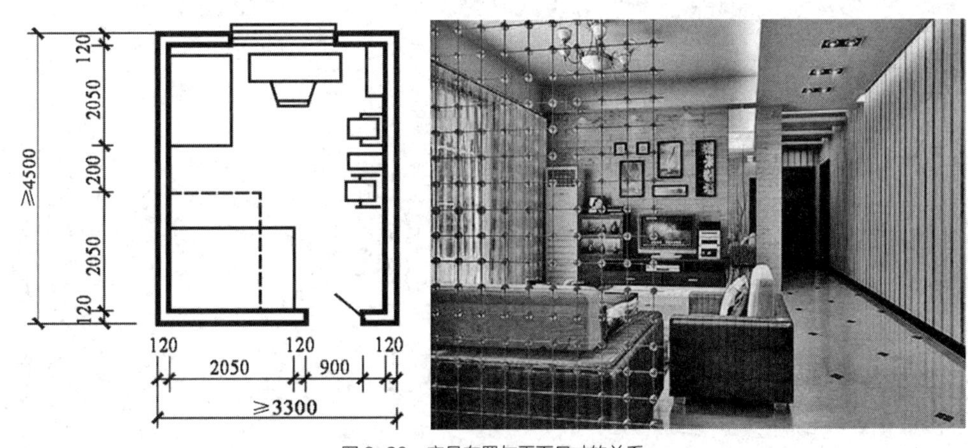

图 3-28　家具布置与平面尺寸的关系

家具、设备尺寸和使用它们的必要空间是确定建筑空间的重要依据

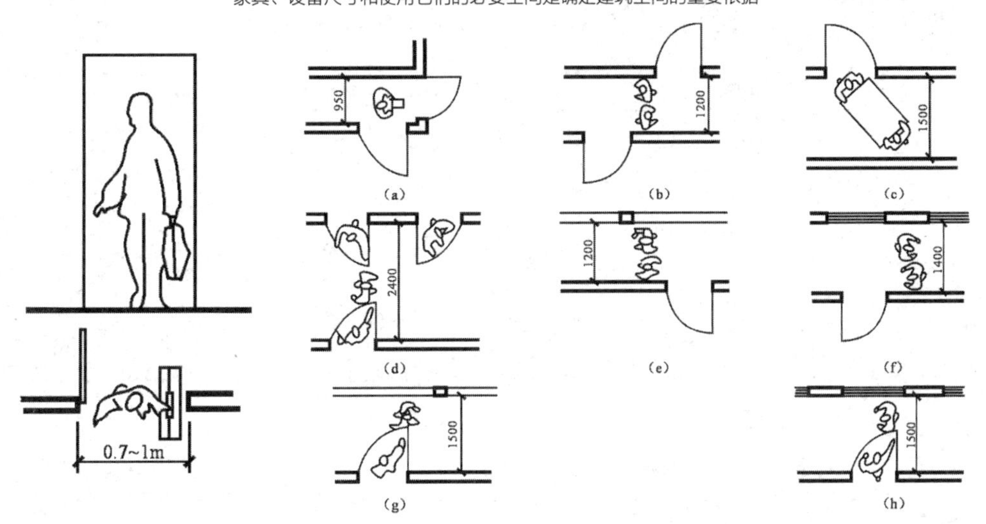

图 3-29　走道和门的最小宽度示意图

2）人的静态尺寸

建筑尺度优劣对于建筑的合理使用、表现出建筑的性格特征尤为重要，建筑中的家具、栏杆、踏步、扶手等一些元素为适应其功能要求，都基本保持着其恒定的大小和高度，通过这些不变的要素与一些可变的要素作比较，就可以显示出建筑的尺度感。这些要素是根据人的尺度有着密不可分的关系，人群在静止状态和运动中所需要的空间尺度是不同的，我国成年男子平均身高是 1 米 67，女子是 1 米 56，他们在静止站立的时候和坐下的时候尺度如图 3-30 和图 3-31 中所示。这是人体在固定的状态下测量的。我们可以根据人的静止状态测出手臂的

长度、腿长度、坐高以及坐姿所需要的宽度等。

3）人的动态尺寸

在人行走的时候和做一些最基本的动作的时候，会有一个尺度的概念，随着不同的使用人群以及使用方式要进行调整。比如老年人、儿童和青年人，在动态尺度上相应会有一些调整。以及在人们行走坐卧时，所需要的空间尺度在不同的状态下也是不同的。

图 3-32 是群体的站立与通行的尺度图示。这里有一些基本的尺度的数据概念，根据可能产生的人流的股数，可以推算出各自所需的最小净宽。通常单股人流宽度我们在实际设计中取值为 0.6m，双股人流通行宽度取值是 1.2m，取它的一个平均值。从图示中可以看到，随着人的数量的不同，一个人、两个人和一群人需要的空间尺度是不一样的。

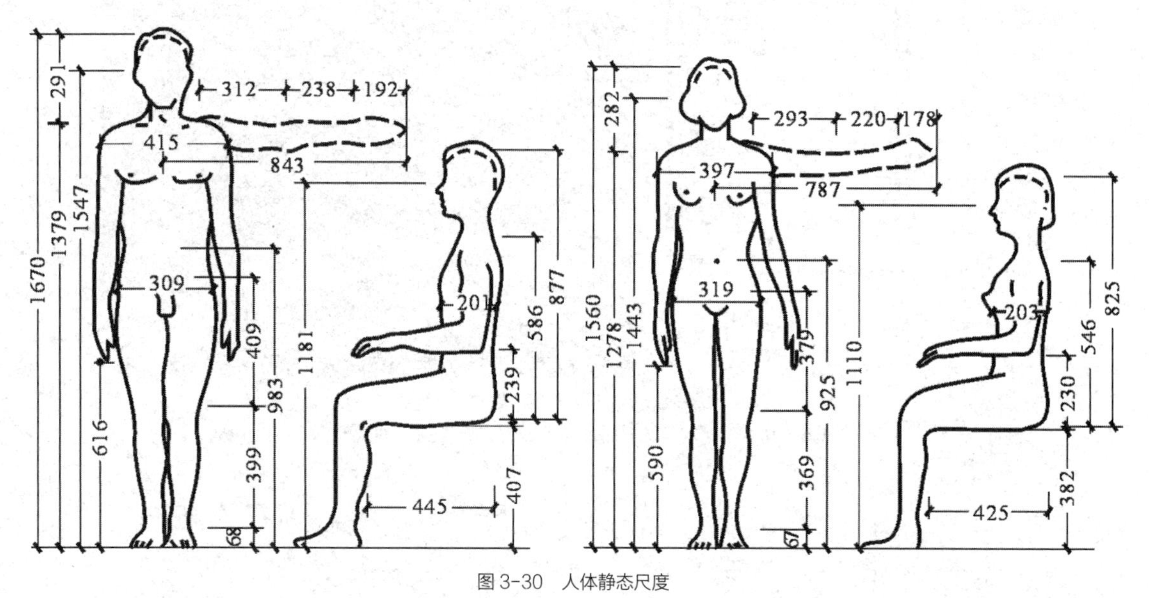

图 3-30　人体静态尺度

我国平均身高，成年男子为1670mm，成年女子为1560mm，在不同的静止姿势下所占的空间尺寸如图所示

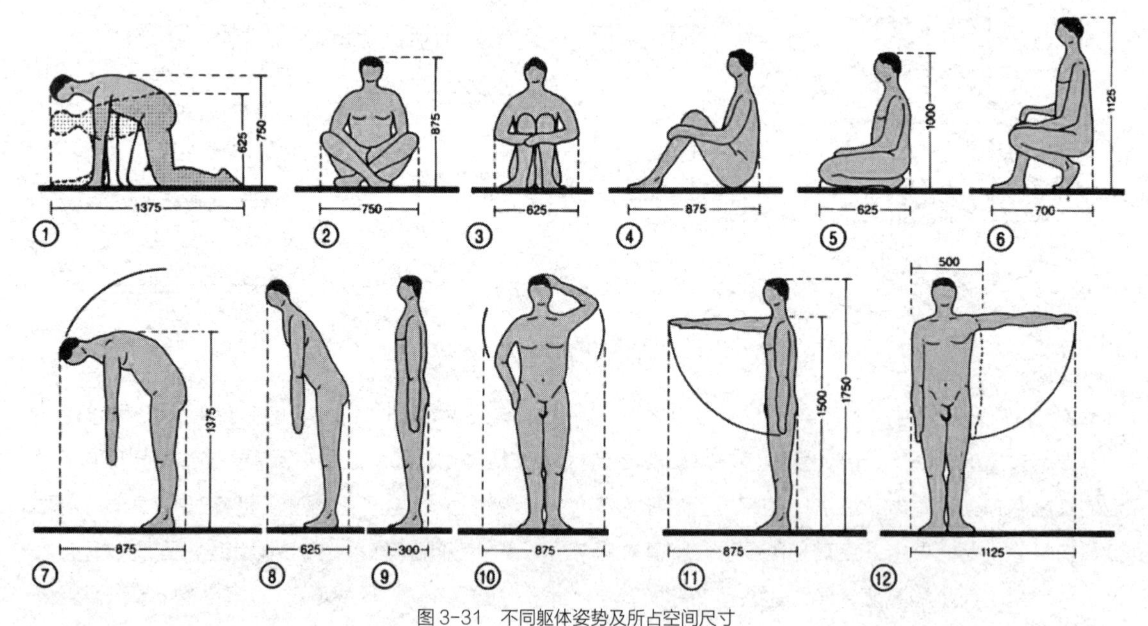

图 3-31　不同躯体姿势及所占空间尺寸

图中人尺寸的规格与所需要的空间按标准尺寸和耗功情况下，不同姿势所需的空间尺寸

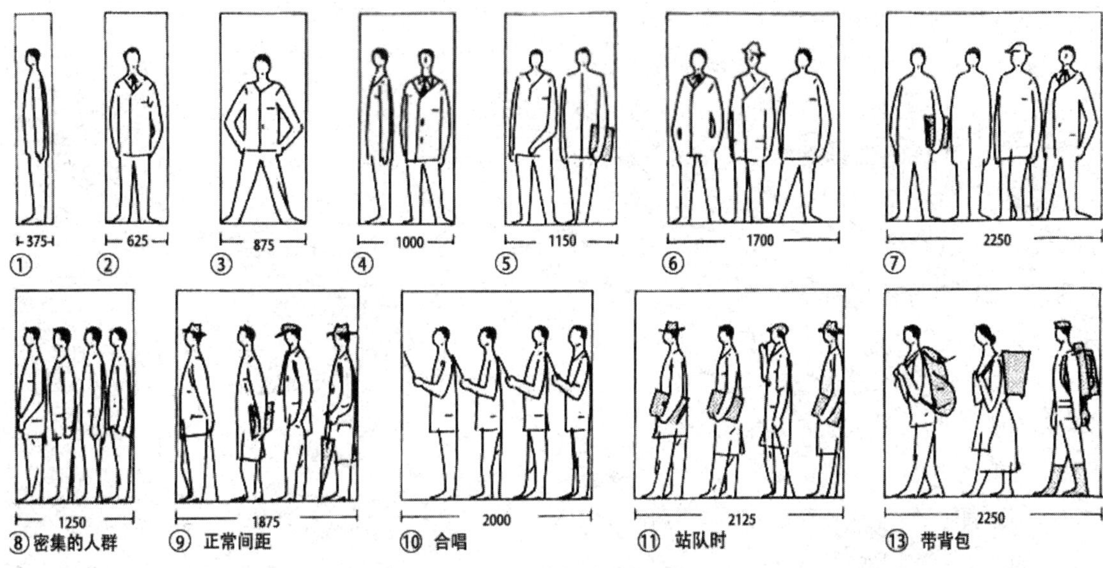

图 3-32　群体站立与通行尺度

4）人的心理距离

在生活中，除了现实中具体的实际尺寸之外，还包括人们由感受产生的心理距离。心理距离包括四个距离，一个是"亲密距离"，"亲密距离"指的是 0 ~ 0.45m 这样的一个尺度，在亲密距离中，能够产生温柔、爱抚、激愤等比较强烈的感情。第二个是"个人距离"，这个距离是 0.46 ~ 1.22m，这个距离一般是亲近朋友的谈话，比如家庭餐桌上家庭成员互相之间的距离。第三个是"社会距离"，它的距离是 1.23 ~ 3.75m，比如邻居、同事之间的交谈距离。最后是"公共距离"，"公共距离"大于 3.75m，如单向交流的会议、演讲的距离。人体所占的空间包括动作的空间，相对来说比较小，而心理空间要远远大于人体所占的物理空间，如图 3-33 所示。

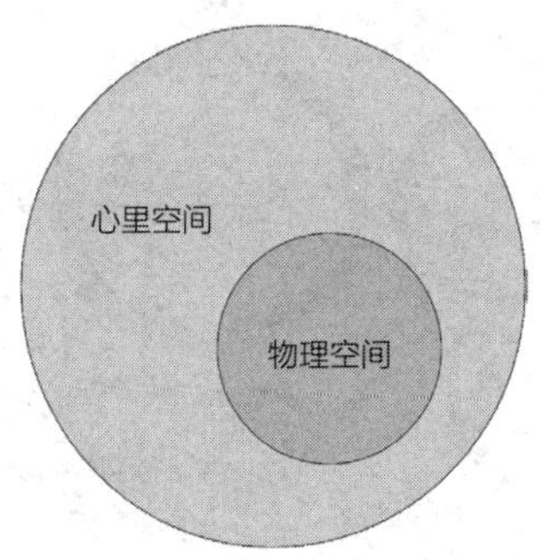

图 3-33　建筑心理空间的外放性

3.3　建筑功能分析

3.3.1　功能分析的定义

建筑的功能分析是指在熟悉建筑内部各类房间使用特点的基础上，对建筑内部各使用空间的功能关系进行分析、整合研究，最终以图解的方式进行表达，形成概念性草图的过程。

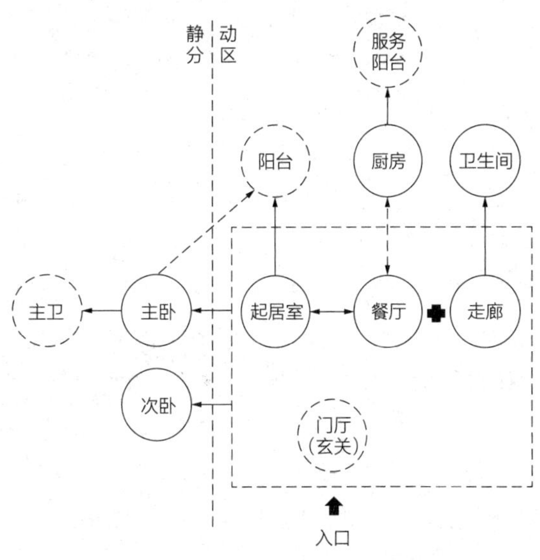

图 3-34　居住空间基本功能关系示意

从居住空间基本功能关系示意图（图 3-34）中，我们可以看到一个居住空间可以分为起居室、浴厕以及厨房、用餐等这样一些不同的区域，根据使用功能的不同，我们把它们进行组合，然后用图示表达出来，这是功能分析的概念。

3.3.2 功能分析的组成

建筑功能分析有三个比较核心的问题：第一，是空间的使用要求。空间的使用要求是指单一的使用空间在朝向、采光、通风、防震、隔声、私密性和联系等方面的要求。以舞厅作为实例，通常舞厅以视听为主，主要满足歌舞表演、演奏和自娱自乐的需要。可以分为歌舞、休闲、服务、办公这样一些区域。从歌舞角度，可以分为候场、舞台、舞池、声光控制和吧台等。休闲这部分包括各类休息座、KTV 包间和吸烟室。服务这部分包括保安、存包、收银、厨房等这样一些空间。办公包括办公室、值班等空间。因此不同的使用要求决定了空间的一些不同的类型。

第二，是空间的功能关系。这里使用空间的功能关系包括两方面含义，从小的方面讲，是指两个或多个单一空间之间的先后关系、主次关系、分隔与联系、闹与静的关系等；从大的方面讲，是指三种建筑空间之间的关系，包括主要的使用空间、辅助的使用空间和交通枢纽空间，这三种之间的先后关系、主次关系、分隔与联系等等。以舞厅为例，在舞厅的功能关系图（图 3-35）中，可以看到歌舞厅、门厅和休息区作为三个比较主要的空间，分别对应着舞厅建筑主要的使用空间、辅助的使用空间和交通枢纽空间。同时有一些附属的功能空间，比如因为舞厅作为最主要的使用空间，围绕着舞厅有休息厅、门厅、技术用房等附属的功能空间，围绕着休息厅则有厕所、化妆、饮料等附属的功能空间。围绕着门厅则有衣帽、接待等附属的功能空间。

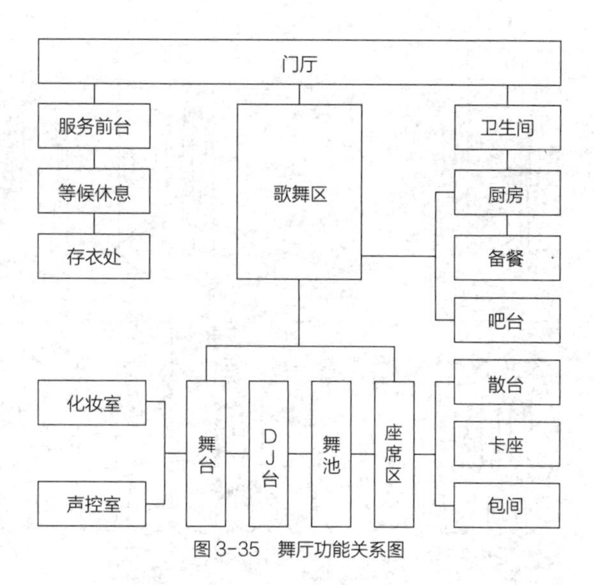

图 3-35 舞厅功能关系图

第三，是分析过程与结果的表达。功能分析的过程与结果的表达一般是要通过图示语言的方式来表达，图示语言是指用图形符号比如点、线、图形等对功能分析的过程与结果进行表达。用图形符号来表达建筑各使用空间的功能关系，是设计中相对来说是比较常用的方式。在舞厅功能关系分析气泡图（图 3-36）中，舞厅的一些功能用大大小小的气泡来进行表达，气泡的大小不但和空间的大小有关，而且还与空间作用、重要程度相联系。例如：舞厅主要分为三部分：舞厅、休息厅和门厅，这三部分在气泡中占有很明显的重要位置，其他的一些附属的小空间是围绕着这三个主要空间进行布置。

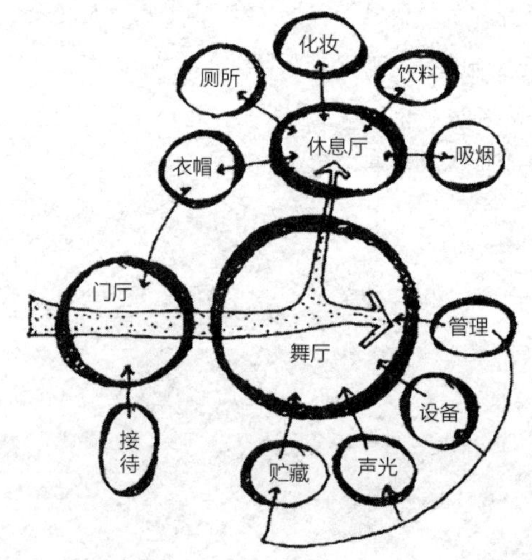

图 3-36 舞厅功能关系气泡图

3.3.3　功能分析的方法

对建筑功能进行分析，通常可以采用两种方式，分别是平面功能分析与竖向功能分析。

功能分析的实质是分析人在空间中行为活动的规律，以此作为确定房间布置的合理准则。它的方法包括：单元分析法、流线分析法、大空间分析法和类型分析法四种方法。

第一种方法是单元分析法。单元是组成建筑物的基本单位。一幢建筑可以由若干个相同或不同的单元来组成，各个单元之间没有任何的功能联系，如住宅建筑、幼儿园中幼儿生活区等，这一类建筑在进行功能分析时应侧重单元内各使用空间的分析研究。

第二种方法是流线分析法。通常情况展览建筑、交通建筑、生产性建筑对人流流线和生产流线的使用要求比较高，使用空间应按照一定的顺序进行排列，人流、货流、车流要分离，避免交叉，达到便捷通畅的效果，所以功能的分析应侧重于流线的安排。在汽车客运站的设计中，应该将旅客流线、车辆流线、行李流线分开，旅客流线中又要将进站流线和出站流线分开。

第三种方法是以大空间为主体进行分析的方法。大空间的建筑如影剧院、体育场馆等，它的主要部分、主要使用空间比较明显，空间组合时要以此为中心，所以功能分析应侧重主要部分、主要使用空间分析等。

第四种方法是类型分析法。例如可以将医院建筑所有使用空间比较明显地划分为几组或几类，它们的内部由若干功能关系密切的使用空间组成，而组和类之间也存在一定的功能联系（图 3-37）。

除了平面功能分析，还应该对竖向功能进行分析，因为许多建筑物并不仅仅只有一层，因此应当从竖向的角度进行功能分析，也就是说按照各层的要求进行合理的分区。在分析的时候要确定层级关系中的楼层优先权。只有先把各项目内容合理分成

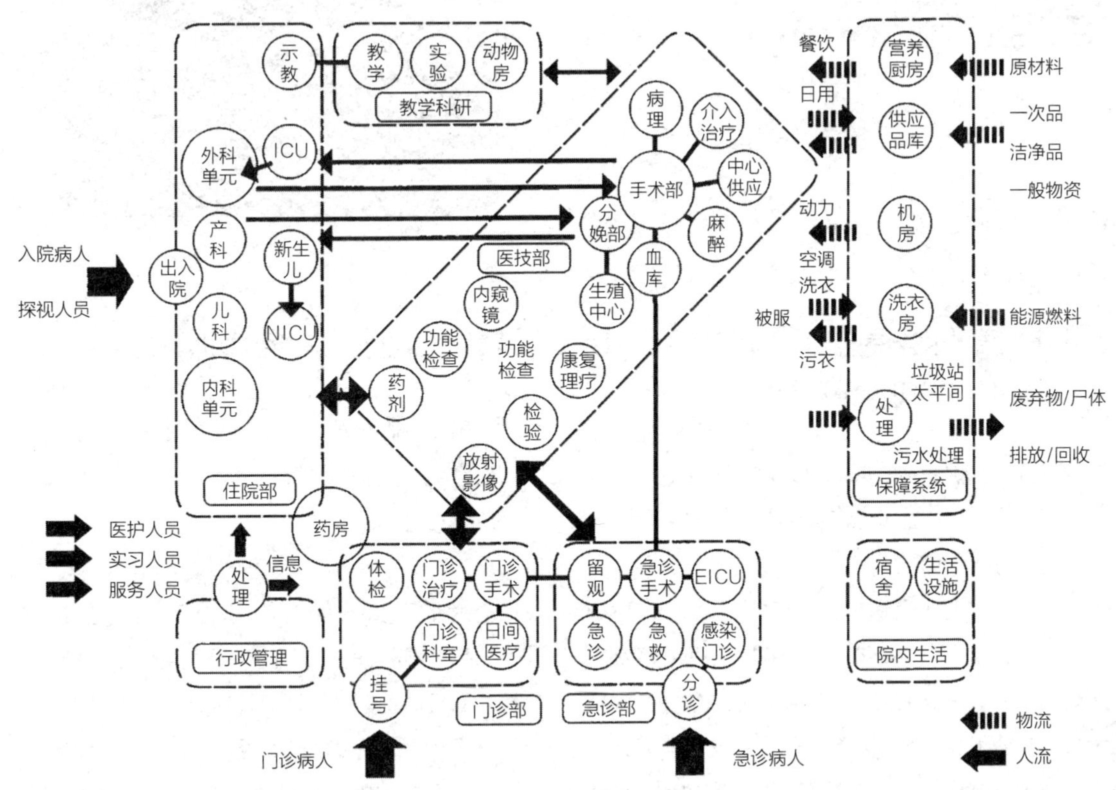

图 3-37　医院功能关系图

几个平面层次，在竖向上先进行合理的分层布局，才能进一步对各层进行各自的平面功能分析。

竖向功能分析在一些商业综合体中经常应用，由于这类建筑容纳了若干不同功能的使用项目，且相互之间有可能各自为政，又由于综合楼一般为多层建筑或高层建筑，因此，对这种类型的建筑进行功能分析时，往往竖向功能分析更有优先权，即按各种使用项目的要求，在竖向上先进行合理的分层布局。通常对公众开放的项目比如商场、饮食、娱乐等放置在下面几层，而把写字间、居住部分布置在上面几层，这样在功能使用上可以各得其所，互不干扰（图 3-38）。

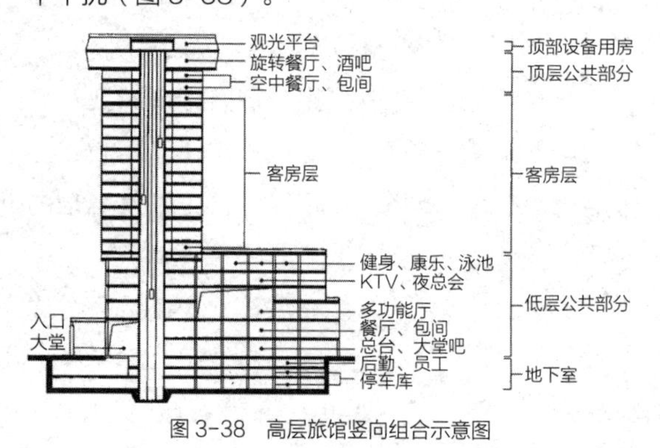

图 3-38　高层旅馆竖向组合示意图

3.4　案例分析

3.4.1　度假小屋（Le Cabanon de Vacances）

建筑师：勒・柯布西耶（Le Corbusier）

项目地点：法国 蔚蓝海岸

建成时间：1952 年

度假小屋（图 3-39 ~ 图 3-41）是柯布西耶在法国南部海边设计的自宅。它承载了功能主义建筑大师柯布西耶关于个人居所最简单的功能需求——工作冥想与起居生活。基于柯布西耶模数的基本理念，小屋的平面由四个 140cm × 226cm 的长方形区域绕中心“卐”字排列组成，自然形成了室内的睡眠区、更衣区和工作区的划分。简单的家具依分区布置，储藏空间被集约布置在屋顶下和家具底部，建筑师的日常生活被组织的井井有条。

为营造一个内省的工作环境，小屋被塑造成一个摒弃了一切非必要元素的盒子。木制的家具和墙面统一了室内质感，预制外墙上小面积的开窗使得景色不能过多映入室内。这个在美景中幽闭的盒子为柯布西耶提供了一个与世隔绝的个人领地，他在这里冥想创作，生活会客，拥有了他解读的生活所需要的一切。

图 3-39　度假小屋

3.4.2　达尔雅瓦住宅 (Villa Dall’Ava)

建筑师：雷姆・库哈斯 (Rem Koolhaas)

项目地点：法国 巴黎

建成时间：1991 年

达尔雅瓦住宅（图 3-42 ~ 图 3-44）是建筑师雷姆・库哈斯设计的一栋位于法国塞纳河畔的别墅。除基本的起居功能外，建筑还承载了业主额外的期望——一件融于环境的艺术品、一个能眺望埃菲尔铁塔的屋顶泳池和一个漂浮的玻璃盒子。

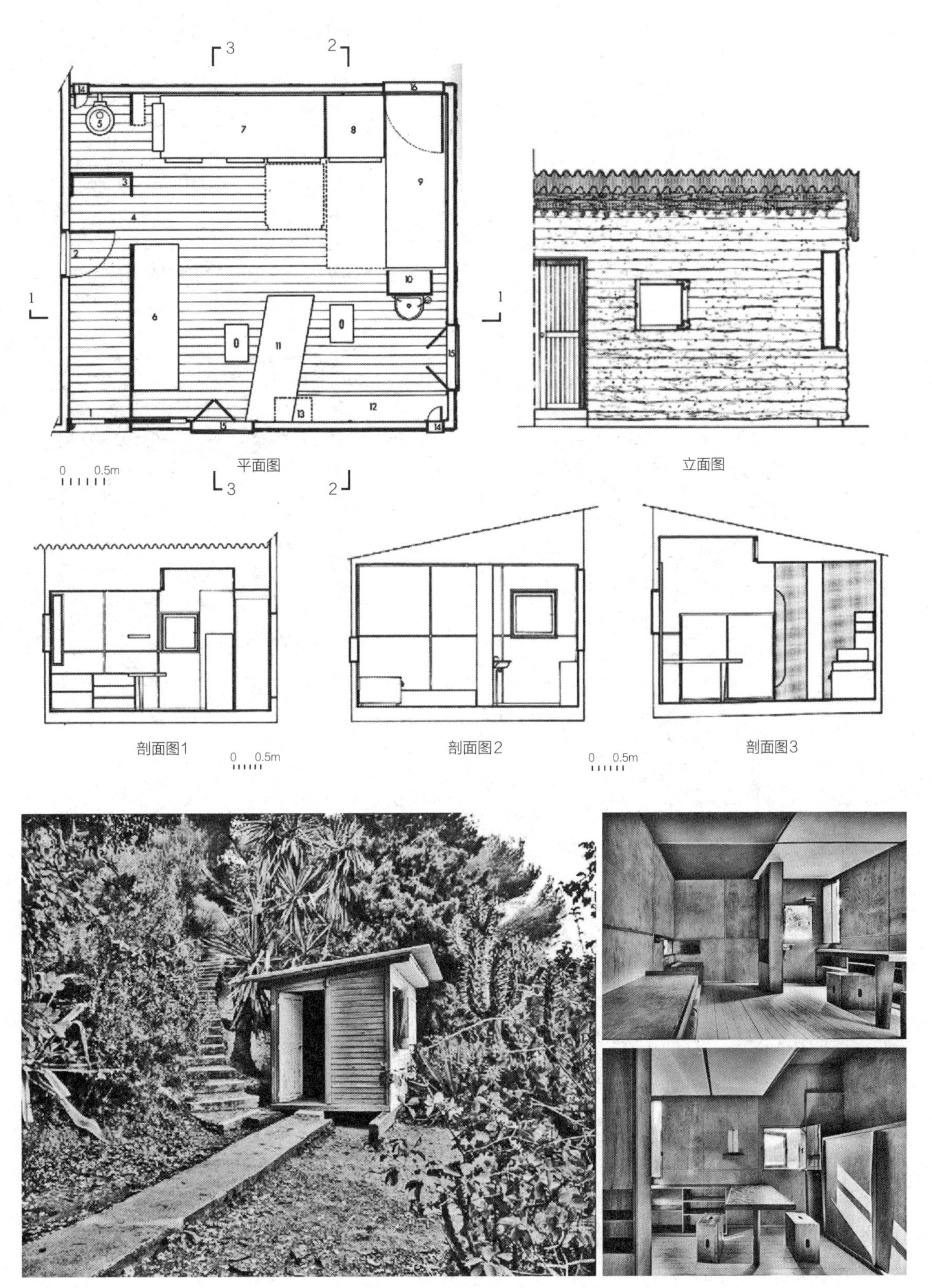

图 3-40　度假小屋

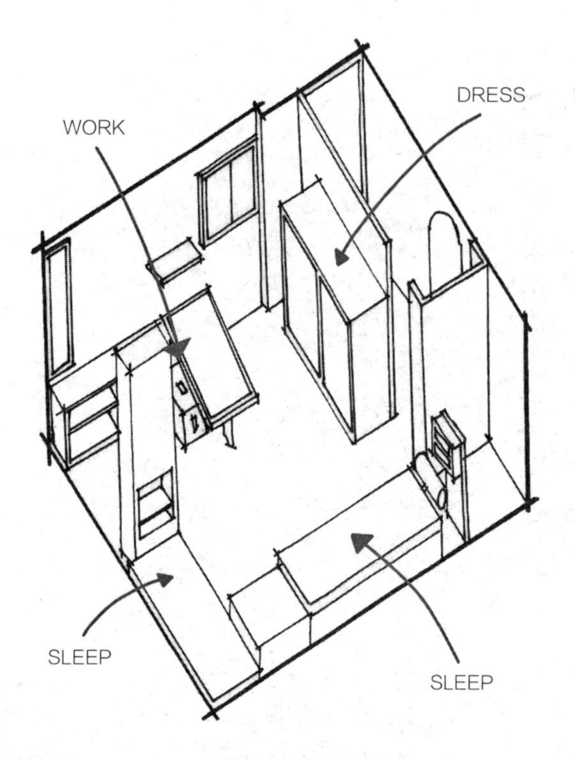

功能分区轴测图

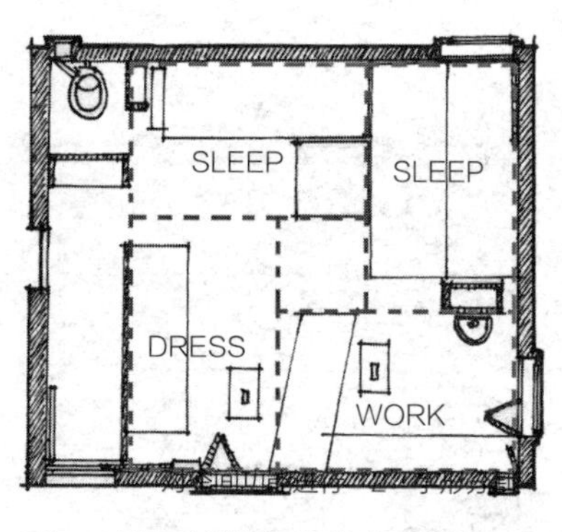

对空间功能进行“卍”字形分割

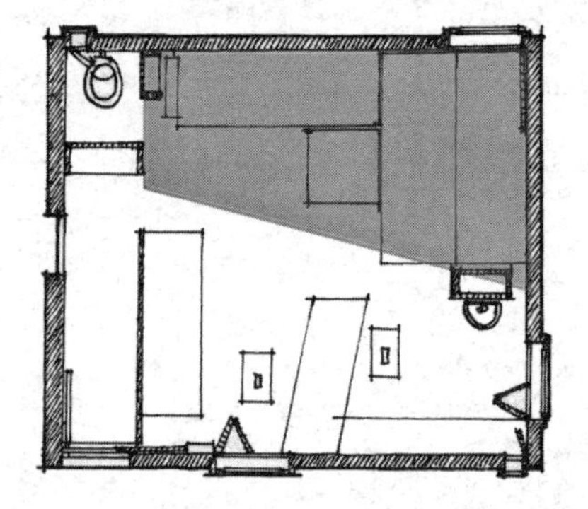

功能布置所形成的昼夜分区

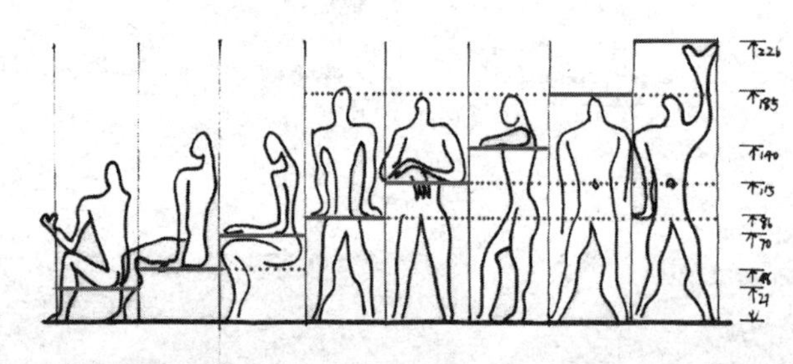

木屋中各项家具都是根据人体测量比例尺度模数预制设计的

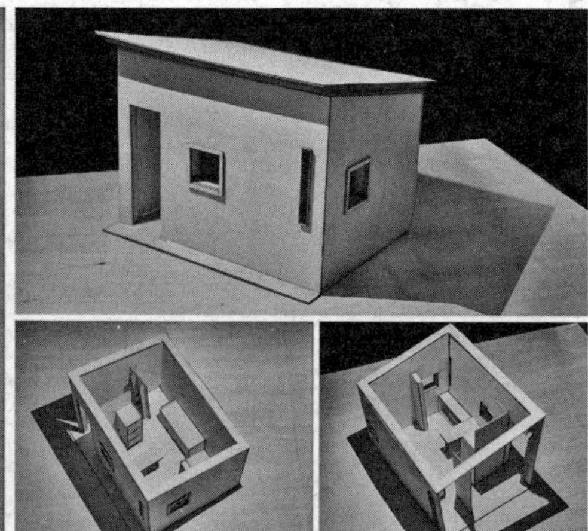

图 3-41 度假小屋

为应对建筑多样的功能需求，库哈斯采用了类似蒙太奇的手法来组织性格迥异的空间。丰富而经过人性化设计的承重构件取代了单调的柱网，片段而随意的立面取代了简洁抽象的几何立面，不同通透性和质感的材质取代了整体连续的建筑外观，这些元素按照不同功能空间的不同需求被重新组合并赋予。以二层公共空间为核心，功能空间被合理地安排在基地上并通过复杂而离心的交通流线串联。建筑由此实现了对于居住、观景、运动等复合功能需求的回应。

图 3-42　达尔雅瓦住宅

3.5　技能与方法

什么是设计？什么是分析？如何获得设计建筑的能力？这是任何一个初学者在踏入建筑设计领域时必须面对的问题。分析与设计不同，设计是一种创造的过程，可以制造出全新的事物，而分析是以设计后的成果作为开始，对设计成果实质的一种设计解读，一种从结果出发倒推其实质过程的逻辑性“反设计”。若要洞察设计的过程分析现有的设计作品是一可行的途径，如此的分析研究，我们称为设计分析。荷兰的建筑学教授伯纳德·卢本在他的著作《设计与分析》[1] 中表述了对设计分析的基本认识：“假如设计是一种创造的过程，能制造出原本不存在的事物，那么分析就是以该过程所得的成果为开始，并尝试取得在其底层的概念与原则。值得一提的是，此分析是建立在假想上，目的绝对不是将整个设计的过程再一次架构出来。”因此设计分析是指以案例作品为依托，寻觅、理解并表达出一个设计的主导概念、结构逻辑和过程逻辑进而呈现设计中最关键特征的专业工作。

3.5.1　现代建筑设计案例分析防范的发展与现状

1）高等院校课程中的建筑案例分析

建筑设计作品分析已经成为许多院校建筑设计教学中不可缺少的一个重要环节，是衔接“建筑初步”和建筑专业设计的重要课程之一。在现代之前，设计分析主要沿用巴黎美术学院的布扎（Ecole des Beaux-Arts）体系即通过渲染古典大师作品来研习前人的设计经典。而建筑设计作品分析伴随着现代时期以来建筑的发展历程，又经过了迪朗 (Durand) 的古典建筑图解的启蒙时期、包豪斯的分析教学法即对普遍与艺术和设计范畴相关的分析、在美国德州骑警 (Taxes Rangers) 建筑教育时期提出“使现代建筑可以传授”的教学方法，使建筑设计作品分析方法达到了成熟阶段，并在美国形成了一股新的主流教育体系。通常教师采取与以往把现代建筑各个分层肢解不同的教学方法，学生根据自己对作品的感受而大胆设问，在对现有建筑结构关系分析中建立起宏观到微观的梯级关系，并在分析过程中分层剖离，转向内在逻辑结构分析的形态操作。

国内的建筑院校也在积极探索建筑设计作品分析的途径与方法，如东南大学建筑系一年级的“建筑先例分析”课程起到先锋作用，率先实施以设计概念为主导的教学方向，理论分析与实践表现同时实施的方针。通过“读图”这种间接的认知方式，对优秀实例进行分析。学生在所提供的先例建筑的基础上，通过图解分析和还原建筑模型的方式，以

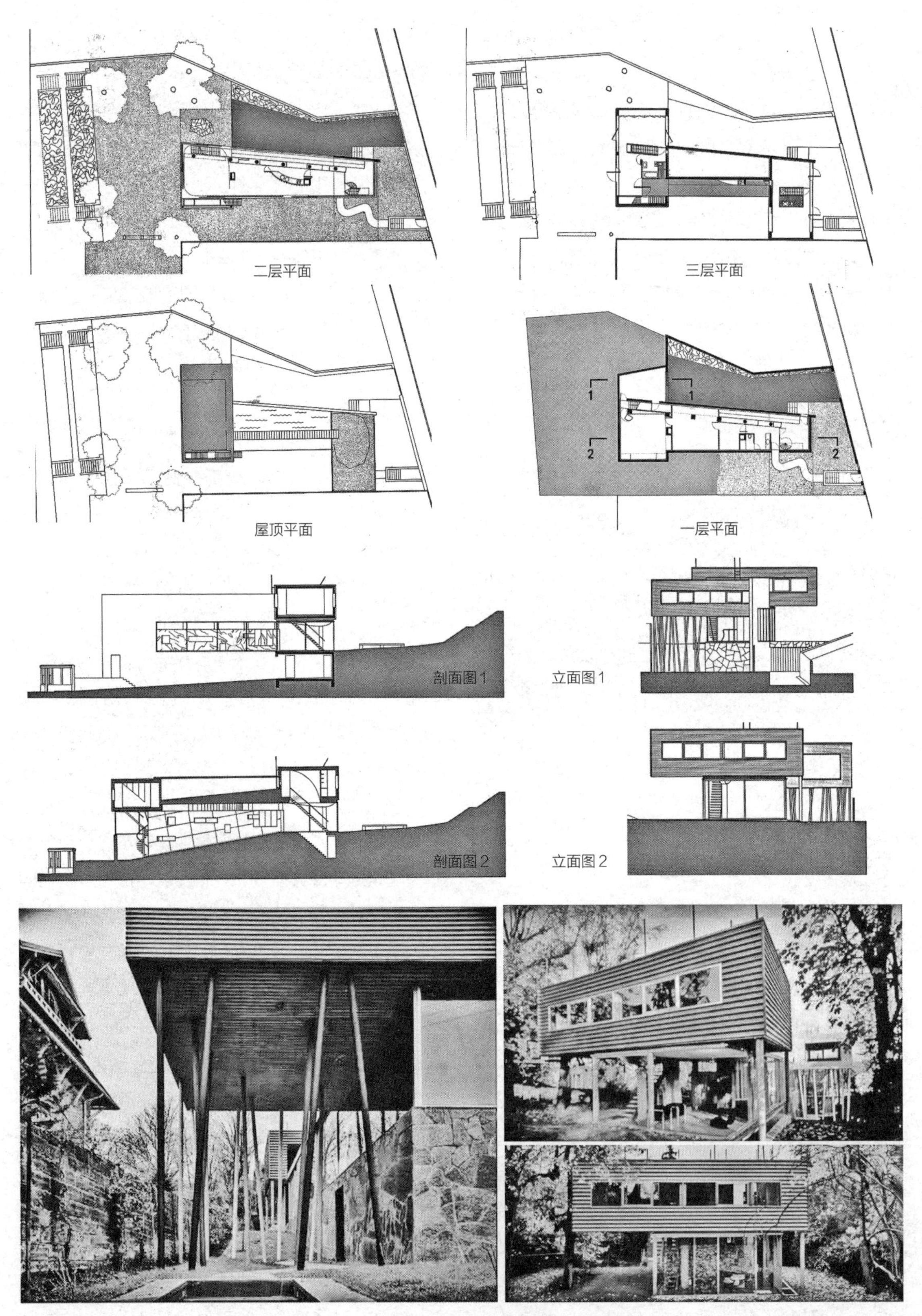

图 3-43 达尔雅瓦住宅

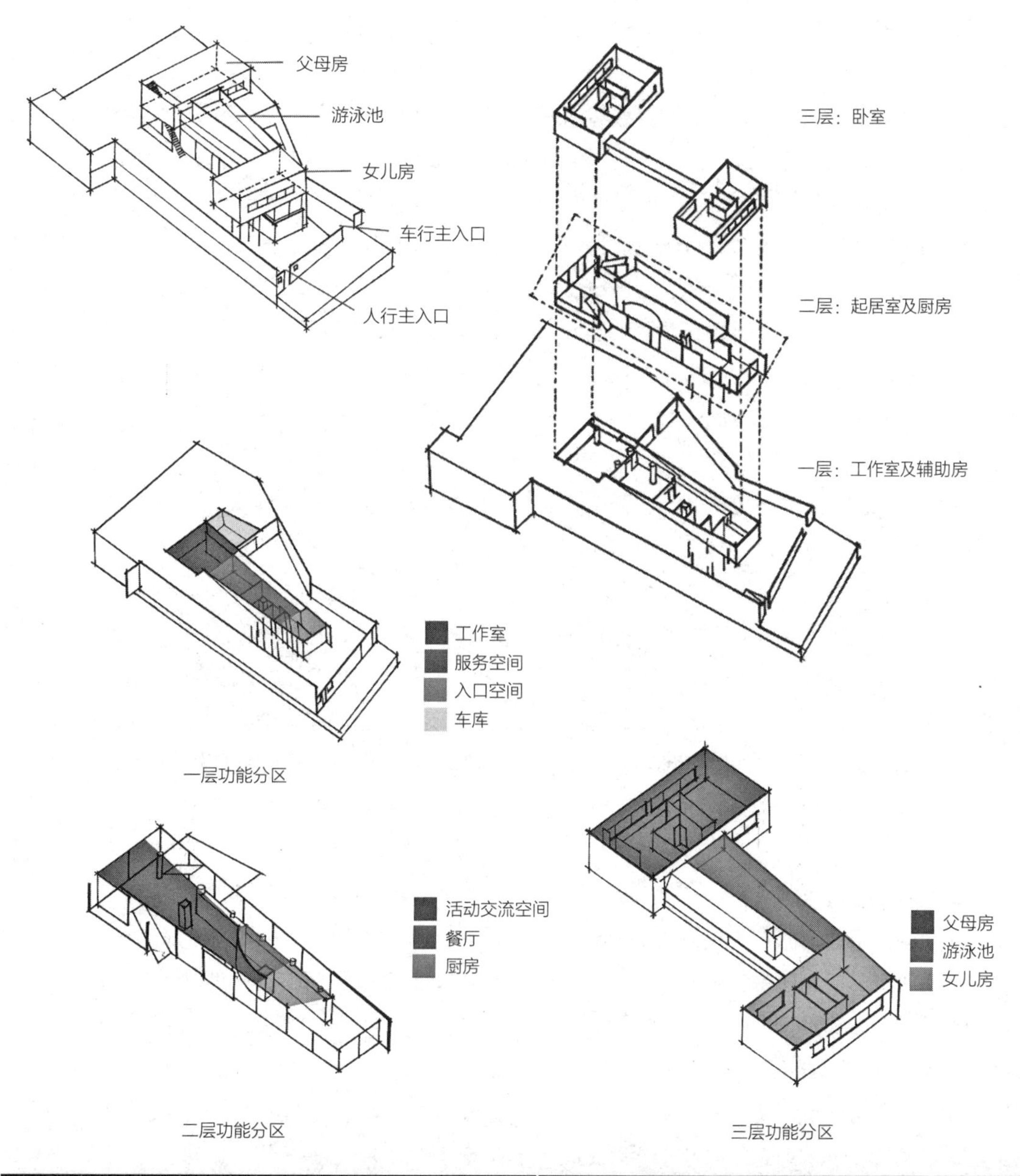
父母房
游泳池
女儿房
车行主入口
人行主入口
三层：卧室
二层：起居室及厨房
一层：工作室及辅助房
工作室
服务空间
入口空间
车库
一层功能分区
活动交流空间
餐厅
厨房
二层功能分区
父母房
游泳池
女儿房
三层功能分区

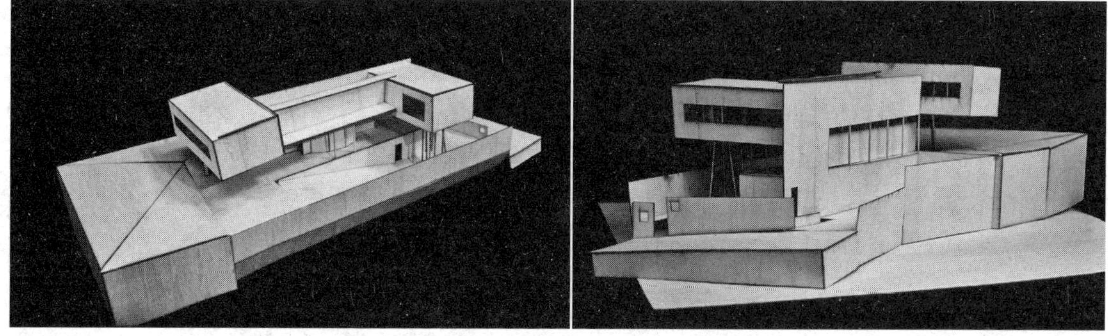

图 3-44　达尔雅瓦住宅

小组为单位从空间、限定、功能等多个视角对建筑形式进行分析。最终建立正确的建筑观和设计观去追寻设计者的创作意图，发现建筑形式空间的内在规律。

2）高等院校教材中的建筑案例分析

1960 年后，德州骑警的设计分析法经教师传播到世界各建筑院校后，许多高校总结了设计分析的内容和方法并开始撰写教材，以方便教授课程和对其分析方法的宝贵总结。如罗杰 • H • 克拉克（Roger · H · Clark）和迈克尔 • 波斯（Michael · Pause）的《世界建筑大师名作图析》中，选择分析了 23 位知名建筑师，每位建筑师四件代表作，从总平面图、平面图、立面图、剖面图、分析图解和基本构图简明扼要的对建筑进行分析，从结构、自然采光、体块组织、平面到剖面的关系、交通路线到使用空间的关系、单元到整体的关系、重复到独特的关系，还包括对称和平衡、几何图形、加法和减法以及等级体系等项目逐步展开建筑分析，概括了建筑最显著的性格，保留了设计最基本的简略到极限程度的总结。

其次是荷兰代尔夫特大学的伯纳德 • 卢本（Bernard · Leupen）教授等人撰写的《设计与分析》。其中所关注的是建筑设计的历史与实务，内容探讨了各种不同的设计理念，并且从历史发展的观点来审视设计的技巧与手法。以框架结构方式去领悟这些建筑因素与设计成果之间的关系，并用分析图解方式了解整个设计过程。从秩序与组织、功能、结构技术、类型、环境等视角广泛讨论了设计分析法，并详细记载了设计分析时所用的各类绘图方法和技巧，与前面陈述的主题衔接在一起。

国内也有一些将高校建筑分析课程的成果整理出版的书籍成果，代表作有王小红的《大师作品分析——解读建筑》、王小红，黄居正，刘崇霄的《大师作品分析 2：美国现代主义独体住宅》、黄居正，王小红的《大师名作分析 3：现代建筑在日本》、孔宇航，辛善超的《经典建筑解读》。

3）建筑师专著中的建筑案例研究

与其运用现有的理论知识去区分建筑在各个时代、各个地域的不同形态特征，不如通过建筑作品去学习建筑。如日本建筑师原口秀昭的《路易斯 • I • 康的空间构成》和《世界 20 世纪经典住宅设计：空间构成的比较分析》两部著作，通过分析作品的空间构成这一视角去研究探讨 20 世纪经典建筑的关键，形成容易理解的视觉表现，不失为对整个 20 世纪做一历史性的透视。以迈向均质空间—均质空间—从均质空间脱离—解体和再生空间这一大轴线来描述建筑空间构成历史。从平、立、剖面图、实景照片等构想出轴测图，将空间构成的要点逐一记录，并到实际之中去参观建筑物。另一部著作是富永让的《勒 • 柯布西耶的住宅空间构成》。本书是对大师勒 • 柯布西耶的作品“白色时代”之后的萨伏伊别墅、母亲之家等 12 个主要住宅空间构成进行解读。对每所住宅都进行了详细的剖析，从建筑用地、周边环境到创作灵感、设计思路、内部结构、空间特征，体会至各个空间的有机结合。

国内专著中的案例研究。国内，建筑分析著作的代表作为冯金龙，张雷，丁沃沃的《欧洲现代建筑解析：形式的建构》《欧洲现代建筑解析：形式的逻辑》《欧洲现代建筑解析：形式的意义》三部曲。作者立足于自己的建筑设计观，追究其形式产生的逻辑、建构方式和形式的意义及其哲理性问题。以图代文，借助计算机模拟分析图的展示方式和展示角度对作品特点进行分析和解剖。运用极具潜力且新颖的计算机建筑分析工具是以前的建筑分析从未尝试的，这为今后的建筑案例研究领域开辟了一项新的领域。

3.5.2 案例研究的手段——背景分析

建筑不是数学、物理那样纯推理性的学科，而是一种综合的产物。某一建筑方案的产生具有一定的不确定性，这是由于与建筑生成相关的要素是众多而繁复的，但又有一定的必然性，与建筑相关最为紧密的几类要素势必对建筑设计结果的形成有影响。对于建筑背景的了解就是对于建筑生成的背景和生成过程的了解。

1）建筑师的背景

不同建筑师设计了千变万化的建筑，是建筑师个性化及人情化的创造。芬兰建筑大师阿尔法·阿尔托曾经说过："正像一粒鱼卵长成一条成年的鱼需要时间一样，我们也需要时间使思想发展和定型。建筑比其他创造性的工作更需要时间。"大师们的作品已经成为标签，印在我们脑中。但我们是否真正了解这件建筑作品，以及建筑师的思想发展和经历对作品的生成和落地又有什么样的影响，建筑的业主在什么样的情况下邀请建筑师做了这样的设计，他们之间的关系是什么，则需要我们对建筑的创造者一建筑师生活的年代、受教育的过程、工作的方法等背景资料深入研究后才能够了解。试想一下我们看到柯布西耶的作品时，如果对建筑师的背景和思想发展历程毫无所知，那我们能够对他不同时期截然不同的作品风格做何解读。如果没有了解安藤忠雄的建筑思想与设计理念，以及不同寻常的建筑师成长经历，以及其与业主的关系，和业主与其沟通的过程和提出的要求，那么就无法真正理解"住吉的长屋"这一作品。

2）建筑的概况

建筑的基本资料包括建筑规模、建造地点、建筑功能、建造年代、建造形式和材料等。如果我们忽略这些，我们在解读建筑时就相对的不完整，因为建筑不仅仅是建筑师凭借想象力在图纸上建成的。其设计理念到建造材料、建造技术到建成使用方式都受到建筑所处的时代背景和地域环境影响，因此对于这些因素对于建筑生成的影响我们也应该了解。例如古希腊的神庙建筑，其形制就是受到古希腊文化的影响，以及对这些建筑功能需求的约束；其以柱廊和墙体相结合围合建筑，相对开敞的空间则是由于其所处的气候环境为温和气候区；而其内部结构与空间的比例则受到当时建造技术和材料特性的影响。

3）建筑与场所

建筑与场所的关系即文脉关系，它涵盖着建筑与周边城市或自然环境的关系，这种关系包含着物质的和非物质的两个层面的关系。建筑与场所的关系表现出建筑师如何理解场地所处的历史文化背景，如何置入自己的设计，使建筑与原有环境产生一定的文化纽带，使新建筑在场所中形成相应的地位。因此如何考量建筑与场所的关系是案例研究的首要任务之一。当新建筑植入环境时，空间关系发生了变化，而图底关系可以比较研究新建筑在背景中与城市空间产生的新层次、新的空间关系。通常在建筑师设计建筑时，首先会绘制地形的图底关系图，在案例分析中我们也可以运用图底关系这一手段使建筑场所背景空间结构组成清晰化，有助于比较所研究的建筑对象与周围城市环境空间的关系（图 3-45）。

图 3-45　运用图底关系的哈尔滨城市空间分析

3.5.3　案例研究的手段——建筑分析

建筑的产生是为了满足人们的需求，而人的需求决定了建筑功能和其组织方式。人的需求包括生理需求（如保护、安静、温度等）和心理需求（如自由、秩序、美等）。因此对于建筑本身的研究也可以通过建筑各个部分如何满足人的生理和心理需求来进行。

1）建筑平面分析与功能组织

建筑功能组织的出发点就是为了满足人的生理和心理需求，因此对于平面功能组织的研究首先要找到需求的内在组织关系和秩序，如何组合和融合不同的需求，同时预见到随着人们需求的变化，并给予空间使用的灵活性；组织功能时如何使建筑的外部形象和内部空间达到和谐统一；如何通过设计把客观的使用要求转化为具有造型基础的建筑。同时由于建筑需要考虑使用者在其中的活动内容和他们的生活习惯，建筑在满足生理、物理上的要求时，如何通过设计满足心理要求，达到满足使用者对空间的审美要求、空间体验、空间感知等，也是功能组织的重要部分。

2）建筑交通流线组织

从外部环境到建筑内部，从入口到内部公共空间，再过渡到半公共半私密空间，最后进入私密空间，这个路线不仅是为了到达最终目的地而设计，同时也起到组织空间和形成空间序列的作用。路线并不是独立存在的，而是通过空间组织的方式来实现，交通空间可以分为交通分流、交流交往、方向指向和疏散通道，流线组织可以分为外部空间流线和内部空间流线，以及垂直交通和水平交通。如何组织路线，决定了使用者在路线上如何体验空间和建筑，路线是组织空间关系的前提（图3-46）。

3）建筑形体特征

建筑形体产生于组织和建造方式。所谓物质形体是由多个面围合而成的，从外部看，人们看到的面的组合就是形体，而从内部看面的组合就是空间。形体根据它的大小和形态来决定它的存在，由形体得出它的表面。对于建筑形体的研究应该着重于建筑形体与其功能和空间的关系，比如现代主义建筑原则之一就是内外一致，形式与内容统一，因此现代主义建筑推崇几何体、平屋顶、白色墙面等。

4）建筑结构形式

建筑的结构形式对于建筑形体的最终生成有着决定性影响，而不同的结构形式往往也具有其鲜明的空间特征，能够反映建筑空间的需要、功能的需求、形态的塑造、时间以及建造成本的约束。因而对于建筑结构形式的研究是对建筑形体的深入研究。密斯曾经说过：“对结构，我们有一种哲学观念，结构是一种从上到下乃至最微小全都都服从于同一概念的整体。这就是我们所谓的结构。”柯布西耶在他的多米诺体系中，把现代主义建筑的结构体系归纳为梁板柱钢筋混凝土框架体系，其作用是使建筑平面、立面能够自由布置。建筑结构与空间因时代、技术、文化、地域等因素产生了不同的关系。

5）建筑空间布局特点

建筑的最终目的是创造一种空间，空间是人类身体和心灵的双重庇护所，人类在空间中能够停留，使用空间并获得心灵的慰藉，也正是因为此使得人类给予建筑很高的地位。西方古典建筑重在塑造空间的容积感，而现代主义建筑的空间则以构成的形式出现。由路斯提出的“体积规划”理论被柯布西耶等建筑师在其作品中实施。另外，现代主义建筑中空间的最大特点就是时间与空间要素的结合，打破传统建筑空间的静态状态，产生了四维空间体验，使建筑空间流动起来（图3-47）。

6）建筑材料运用与细部处理

建筑是由物质组成的，因而材料是建筑建造的基础，材料在一定程度上也反映了一个时代的建造技术和建造水平。人类几千年的文明发展，从古希腊石头庙宇到古罗马砖拱券形成的空间，到现代主义建筑中由空心砖形成的白色墙面，框架结构作为承重体系，再到当下各种新材料的普遍使用，混凝土、钢材、玻璃塑料等为建筑的发展提供了极大的可能性。

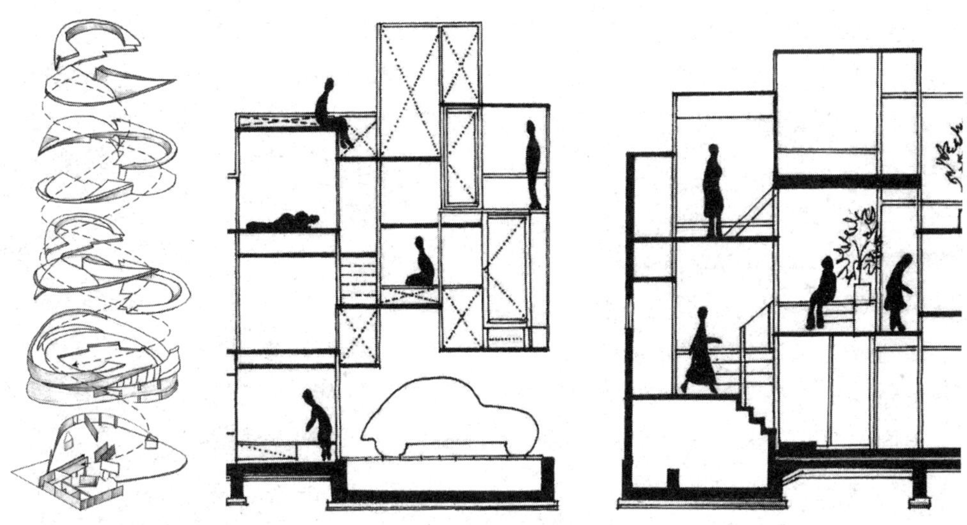

图 3-46　梅赛德斯奔驰博物馆交通流线分析

图 3-47　House NA 中空间与人体尺度和活动关系分析

3.6　练习与点评

3.6.1　练习题目：功能之用

教学目的

（1）学习通过一个结构有序的步骤来处理空间、形式和功能的问题；

（2）认识人体尺度与功能的限定关系，了解功能与空间对应关系，理解功能分区的含义；

（3）学习三维空间与二维图纸表达的对应关系，掌握基本的模型制作和建筑作图方法。

作业内容

以一个 6000mm × 3000mm × 2500mm 的空间单元为基础，附加 1000mm × 3000mm × 2500mm 的空间容积（附加空间容积可拆解为 2 ~ 3 个小的容积），设计一个生活空间。使之满足一个舒适的居住环境的基本功能要求，如能满足睡觉、学习、休闲、煮食、就餐和储物等需求。这些功能的要求通过在空间单元中布置给定的家具和卫生间单元来实现。家具单元的尺寸如下：

（1）卫生间尺寸：1800mm × 1500mm × 2000mm 或 2500mm × 1000mm × 2000mm，二者任选其一；

（2）床：2000mm × 900mm × 450mm；

（3）书桌：900mm × 600mm × 700mm；

（4）椅子：450mm × 450mm × 450mm；

（5）安乐椅：600mm × 600mm × 600mm，2 个。

除上述家具外，可根据所要求的功能增加两个家具单元。

成果要求

（1）制作两种功能与空间研究的组件，比例 1 : 20。空间单元用灰色硬卡纸做成套筒状，以便在内部做家具布置和空间研究（套筒形状并不表示这是空间界定的状态）。家具体块用白色卡纸制作，以便和空间单元的颜色形成对比；

（2）制作 4 组不同的家具布置模型，比例 1 : 50，对模型进行拍照；

（3）以平面图、立面图、轴测图等方式，记录空间设计模型，辅以分析图表达。

3.6.2　作业点评

1）作业 1 点评

该设计满足建筑具体的目的与要求，如图 3-48、

图 3-49 所示，将空间分为主要的使用空间、辅助的使用空间和交通空间作为建筑的物质功能基础，还需要注意的是可以从剖面设计角度出发（图 3-50），做到功能分区既要满足空间使用中各部分之间相互联系，又要让空间功能的划分在满足人体尺度条件下进行分隔。在此之上，满足使用者的心理需求，提高建筑空间的舒适度以及创造性，使空间能够表达出它所需要的使用者的特点。

如图 3-51、图 3-52 所示，通过空间划分建筑的动与静区间，将互相干扰的空间调整并适当的隔离。对于私密性较强的空间，可以布置在比较安静的位置上，可在垂直或水平方向上进行区隔；而公共性较强的空间，则可考虑布置在场所开放性高的位置，对于特定环境下的某种使用功能，找到适宜的空间形状，将空间进行优化组合，创造舒适的空间感受。

2）作业 2 点评

该设计通过体块划分功能分区，形成动静分区，如图 3-53、图 3-54 所示。流线之间从横向和纵向，按照不同的功能使用要求，组织交通流线，做到了整体流线清晰，各功能之间联系便捷又可以做到避免防止相互干扰。这样就能做到动的区域与静的区域既分离，互相之间又有一个密切的联系。

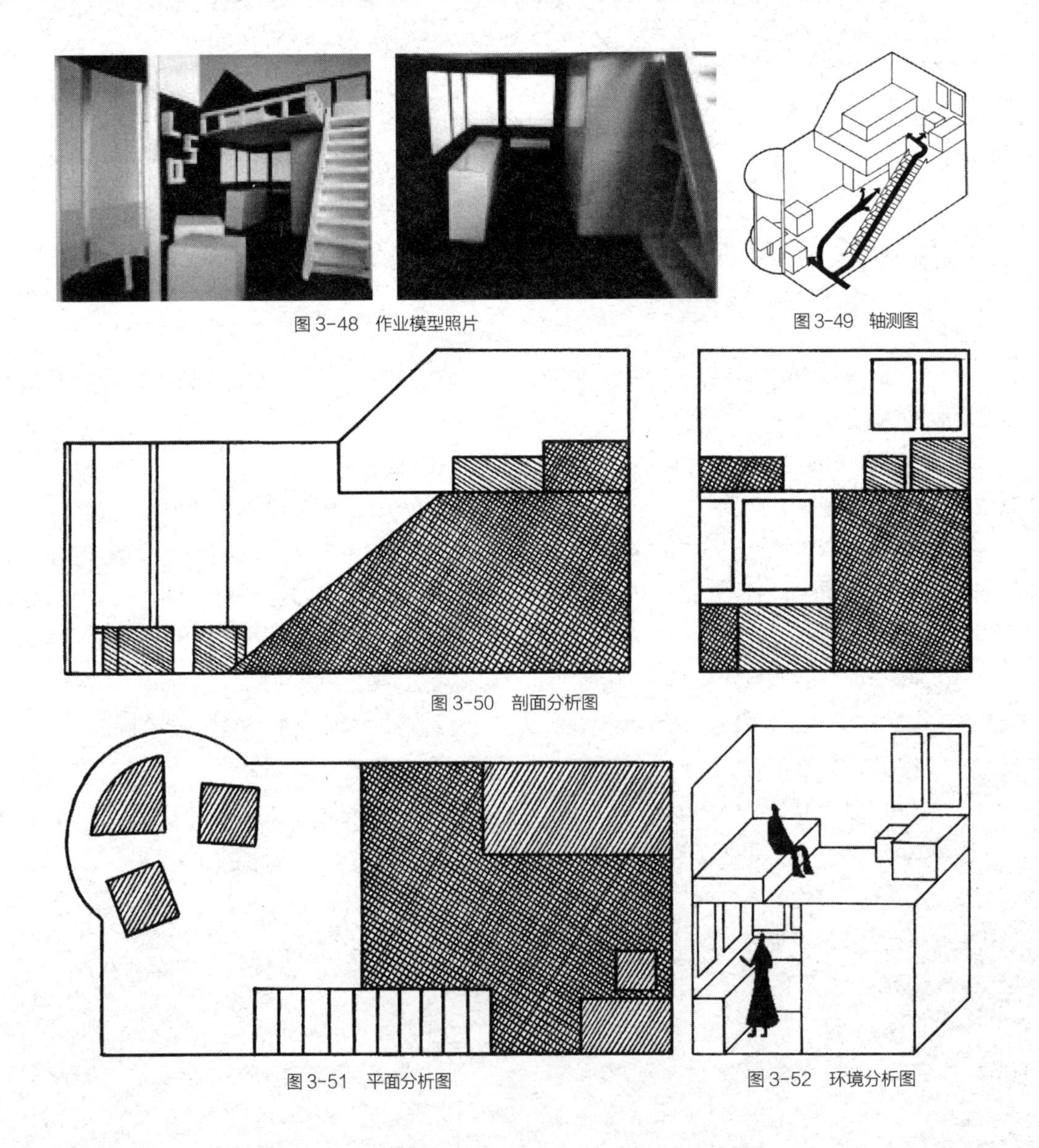

图 3-48 作业模型照片

图 3-49 轴测图

图 3-50 剖面分析图

图 3-51 平面分析图

图 3-52 环境分析图

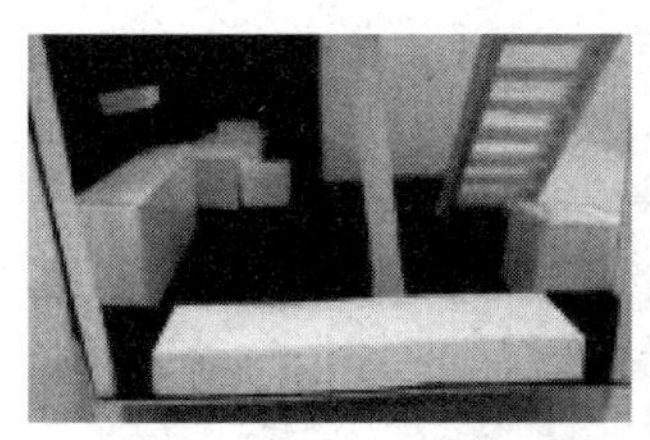
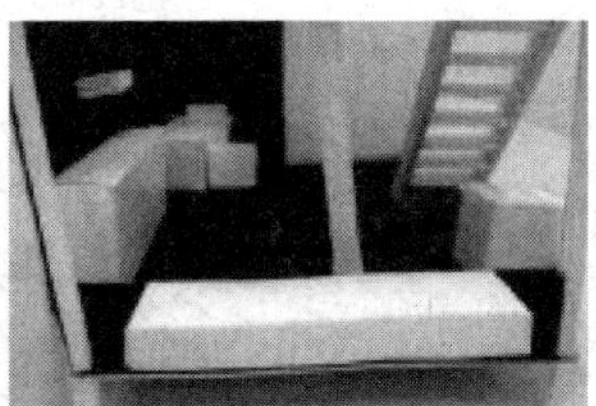

图 3-53　作业模型照片

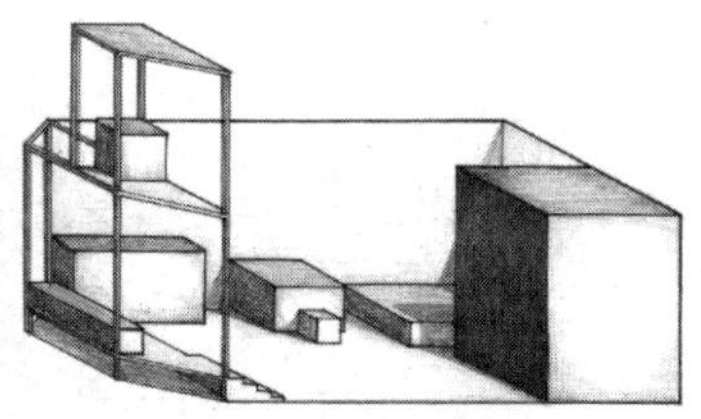

图 3-54　轴测图

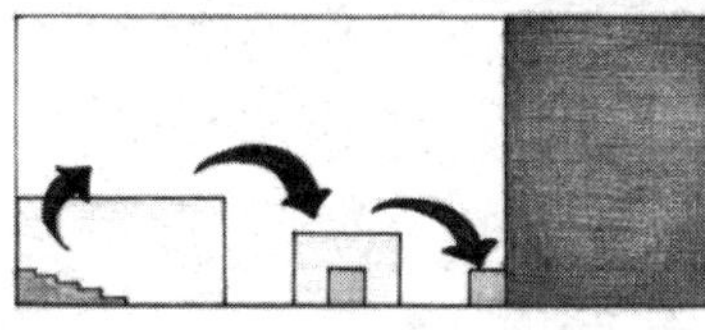
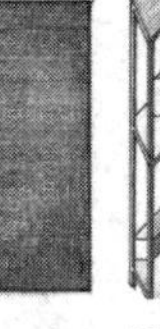

图 3-55　剖面分析图

图 3-56　环境分析图

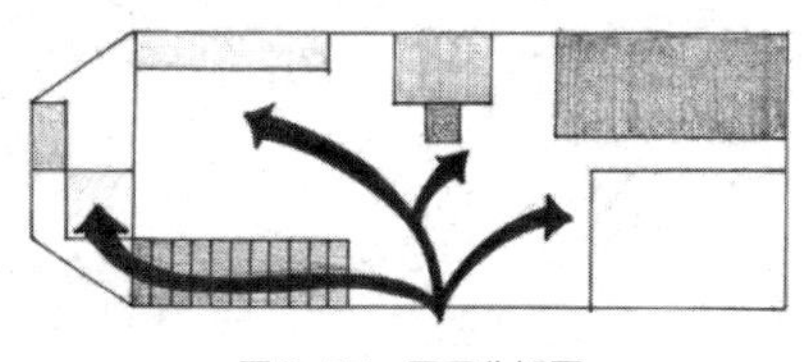

图 3-57　平面分析图

如图 3-55 所示，还需要注意处理好平面流线中主与辅的关系，一般的规律是：主要使用部分布置在较好的位置，靠近主要出入口，保证良好的朝向、采光、通风以及环境等等。辅助或附属部分则可放在比较次要的位置，朝向、采光和通风条件可能就会次要考虑，主要景观、朝向优先于主要功能，根据使用方式和使用效率使得空间的利用效率最大化。

如图 3-56、图 3-57 所示除了对采光、通风区位的选择，还需要对开窗洞口的大小，根据空间使用的需求进行验证。

本章参考文献

[1] 伯纳德·卢本. 设计与分析 [M]. 林尹星，薛皓东，译. 天津：天津大学出版社，2003.

在任何对建筑本身的定义之前，都应该先分析阐释空间的概念。

——亨利・列斐伏尔[1]

Chapter4

第4章 建筑空间的界面材料

Interface and Materials of Architectural Space

通过前面的论述，我们可以得知：空间是一种与实体相对而存在的容积。它客观存在，但它的视觉形式、量度、尺度和光线特征等，却都要依赖于在空间里活动的人的感知，这来自于形体要素对空间界限的限定性。所以说，当空间开始被形体要素所限定或者捕获、围合、塑造和组织的时候，建筑就产生了。而不同类型的界面就是限定空间的重要因素（图 4-1）。

围合空间	水平界面	顶面		
		底面		
	垂直界面	垂直线		
		垂直面	基本	
			L形	
			平行面	
			U形	
			四周	
塑造空间	对界面要素的改变	界面开洞		

图 4-1 围合、塑造空间的不同类型界面

4.1 空间的界面之限

4.1.1 基面

当我们把一个水平面作为图形，并放置在背景之上时，就可以限定出一个简单的、相对模糊的空间区域。如何能够让这一水平面相对不再模糊，图形感增强呢？首先能想到的就是让水平面的表面在色彩、明度或质感上和周围区域之间产生明显的区别。

图 4-2 婴儿的爬行垫

如图 4-2 是婴儿使用的爬行垫，平铺在地板上时，五颜六色的垫子和地板之间产生了很大的区别；喜欢的玩具摆放在这里，构成了专属的游戏空间，若是有大人驻足，他们反而会不高兴，这就是婴儿的空间领域。而在公园草地上铺的一块野餐布，也会限定起一个聚会的空间领域，因为野餐布与背景的草坪在材质、色彩等方面的不同，使用者们用这样的方式“宣示”了对这个领域的占有感（图 4-3）。相反，草坪位于背景之上也会界定出空间领域，图 4-4 是荷兰代尔夫特理工大学图书馆的草坪，屋面倾斜的绿意，同样界定出一个安静惬意的读书空间。

图 4-3 公园草地上的野餐空间

图 4-4　代尔夫特理工大学图书馆屋面草坪

上述案例中提到的水平面可称之为“基面”，它们通常没有那么强烈的限定感，低调地存在着。而为了进一步加强这个水平面对空间领域的限定性，使空间更为清晰，通常采用两种方法：平面抬高，叫“基面抬起”；平面下降，叫“基面下沉”。这两种方式都会产生若干个垂直表面，区别在于，基面抬起是在视觉上强化了该空间领域与周边的隔离感；基面下沉则限定了一个空间容积。

1）基面抬起

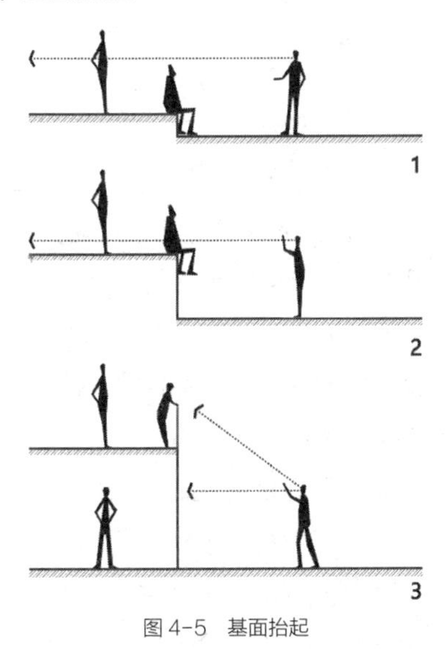

图 4-5　基面抬起

沿着抬高的基面边缘所发生的高度变化促使垂直面的产生，并开始限定空间领域的界限，打断穿过表面的“空间流”；这时，与空间领域之外的眼神交流依然存在，但想走过去产生更为亲密的交流就非常困难了。

随着“基面抬起”的尺度加大或者减小，视觉和空间的连续性会有相应的变化，这就带来了空间变化：当基面抬到图 4-5 中第 1 幅图所示的高度时，我们会发现，空间领域的界限得到很好的限定，视觉和空间连续性得到很好的保持，身体也容易接近；当继续抬高至第 2 幅图所示时，视觉连续性有所减弱但仍存在，而空间连续性则被打断，身体接近便需要借助楼梯或者坡道了；再向上抬高至第 3 幅图所示时，视觉和空间的连续性都被打断，抬高的基面所限定的空间区域已经与地面分离，变成了常见的两层空间。

在哈尔滨市著名的中央大街上，有一家很文艺的咖啡厅，它的入口利用了建筑沿街的柱廊，这里就用了抬高的基面，店家还精心地在上面铺设了美丽的花砖。抬升的基面与其相对的连续有韵律感的顶面结合，与侧面暖色的柱面与木质的栏杆一起，共同打造了一个半私密性的室外通廊，在建筑的室内和中央大街的室外步行环境之间划定出了一个过渡性的空间。伴随着悠扬的音乐，温暖而优雅，和这条街道的气质完美契合，吸引了游人的脚步与目光（图 4-6）。

图 4-6　哈尔滨思萌咖啡厅

2）基面下沉

沿着下沉的基面边缘所发生的高度变化，也会形成垂直的面；但与“基面抬起”的不同，基面下沉所形成的垂直表面能更强烈地限定出空间。这使得视觉和空间的连续性都得到一定保持，空间的整体性更强，但“空间流”稍微被打断。

我们同样可以用感受衡量“基面下沉”带来的视觉和空间连续性的变化：当基面下沉到如图 4-7 中第 1 幅图所示的时候，下沉区域虽然中断了楼面或地面，使人们难以穿过这个空间，但却依然是整体空间“神圣不可分割”的一部分；当下沉的深度加大到第 2 幅图所示的时候，空间领域与周边空间的视觉联系性虽仍存在，但空间连续性却大大减弱；当下沉的深度继续加深至第 3 幅图所示时，原来的基面下降到低过了我们的视平线，下沉区域变成了一个独立而特别、封闭又内向的空间。

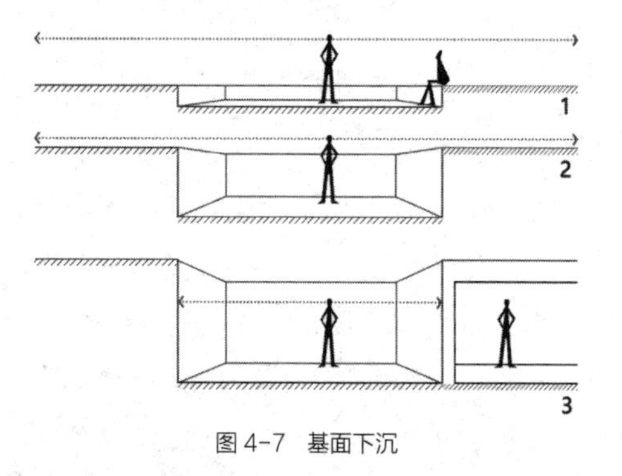

图 4-7 基面下沉

对比“基面抬高”和“基面下沉”所形成的两类空间，可以明确的发现，“基面抬高”形成的领域体现了空间的外向性，或者空间的重要性；而“基面下沉”形成的领域则体现了空间的内向性，或者是空间的庇护性，让人在空间中更有安全感。

在 MAT Office 事务所[①]设计的北京朝阳区远洋邦舍青年公寓中庭改造中，将原有“温泉泳池”的池底界面作为“下沉”的基面，并在周边设计了座椅、台阶、树池、书架等公共元素，形成了一个安静的、内敛的用于阅读的共享空间。同时，基面下沉所带来的垂直界面与地面系统的拼花马赛克材料使得空间的整体性进一步加强（图 4-8）。

① MAT Office 超级建筑事务所，是由唐康硕和张淼于 2013 年创立于荷兰鹿特丹的一个设计和研究事务所，2015 年开始在北京进行建筑实践。

图 4-8 远洋邦舍青年公寓中庭

4.1.2 顶面

相对于“基面抬起”与“基面下沉”，还有一种方式也会加强空间领域，即把平面向上复制一个；相对于前者，这种方式会限定更多的空间容积，并在空间上部产生限定界面，即“顶面”。

顶面所限定的空间在我们的生活中特别常见，常见到我们往往会忽视它们的存在。比如在阴雨天里，情侣共撑雨伞下面的小小空间，温馨而又浪漫（图 4-9）。伞作为顶面，把伞下的人与外界的世界分隔开来，空间随着伞的移动而移动，淅沥的雨也不再让人烦恼，反而使得雨中的漫步变成一种享受。这就是顶面的魅力。

相对于基面通过抬高或者下沉来创造空间，顶面则需要基面与其默契的配合，在其本身和地面之间限定出一个空间区域，这时，顶面的边缘便成为这个空间区域的界限，所以，顶面的形状、大小、材质以及离地面的高度等都决定了该空间的形式特征。图 4-10 是另一种以伞为界面的画面，是同学们在哈尔滨中央大街调研时拍摄的非常有意思的场景，同学们这样来描述：“另外一处的雨伞天空，界面为透明的、形式精巧的小伞，似乎更贴近这条街道的气质，更令人赏心悦目。”这些花雨伞，层层叠叠，延绵在一起，界定出了一个下部行走的空间，形成了明显的空间领域感；而透明的材质，又在很大程度上保留了与街道空间的连续性。

图 4-9　黑色雨伞下的情侣

图 4-10　哈尔滨中央大街的雨伞天空

如果在顶面与基面之间再加上垂直的线要素来支撑，空间界限会变得更加强烈，活跃的线要素有助于在视觉上建立所限定空间的界限，但却不会打断穿越该区域的空间流；同样，如果顶面下的基面抬高或者下沉，那么所限定的空间容积的边界也将会在视觉上得以加强，如在上一小节我们提到的中央大街咖啡厅的案例（图 4-6）。

和基面一样，顶面也可以经过一些处理，来限定和表达一个房间中的各个区域。如在图 4-11 的空间中，顶面稍稍下降，就形成了一个稍显私密的可以供人停留的空间；而在图 4-12 的位置，把顶面稍微抬高一点，不仅扩展了空间，而且还促成了一个小天窗的出现，光线洒落，形成一个非常惬意的区域。

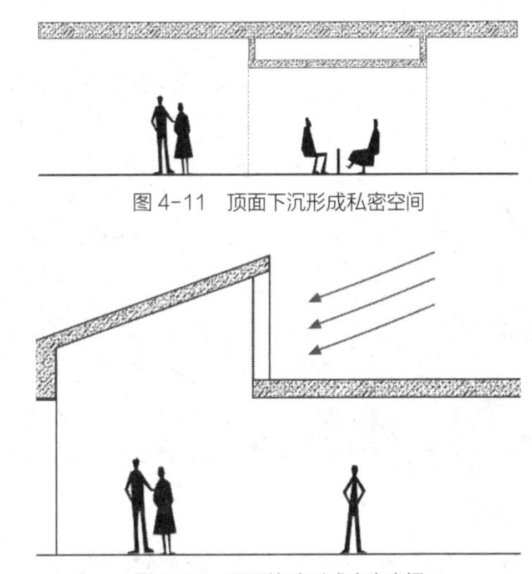

图 4-11　顶面下沉形成私密空间

图 4-12　顶面抬升形成光之空间

如图 4-13 是贵州省黔西南州兴义市某餐饮建筑的就餐区域，稍稍下沉的顶面塑造了低矮、昏暗的空间，但辅以温暖、柔和的壁灯，既不影响人们就餐时的交流，又塑造了餐饮空间轻松、相对私密的空间氛围。

图 4-13　贵州兴义某餐饮建筑室内就餐空间

与基面所不同的是，当在完整的顶面上开一个洞的时候，虽然空无一物，是顶面这个大图形中的“负”区域，却依然能够限定出下面的空间。古罗马最为著名的建筑之一万神庙，便在象征天宇的穹顶中央便开了一个直径 8.9m 的园洞，柔和的天光自此洒落，与“负形”的顶面一起，限定出了一个神圣的空间（图4-14）。日本著名建筑师安藤忠雄，也十分钟爱这种手法，在他的作品冈山直岛美术馆中，运用顶面开洞的方式，使得清水混凝土构建的肃穆环境之中蕴含着光所形成的神秘空间（图4-15、图4-16）。

图4-14 罗马万神庙

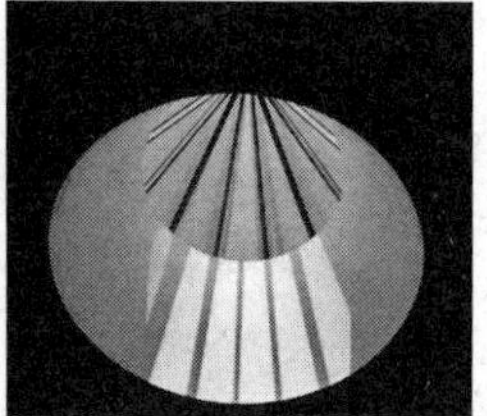

图4-15 直岛美术馆　　图4-16 直岛美术馆内部

4.1.3 垂直线与垂直面

由于人眼是向前看的，所以在人的视野中，垂直的形体比水平面出现的几率要多得多，因此，垂直的面更有助于限定空间。上一节中基面与顶面变化所形成的空间，大部分都是在心理上产生领域的限定，而垂直面则直接使人在行为上无法穿越，所以，垂直面所限定的空间，往往会给人提供良好的围合感和私密性。

1）垂直线

垂直的线要素，可能是一根柱子、一座城市中的方尖碑，也可能是哈尔滨市的城市标志防洪纪念塔（图4-17）；其共同的特点都是在地面上确立了一个点，并且在空间中引人注目。但是，当这一线要素“孤独的耸立在苍茫大地上”的时候，没有任何的方向感，空间感也非常弱，从任何位置画一条线，都可以穿越这个线要素。

图4-17 哈尔滨防洪纪念塔

但在实际的空间设计中，垂直的线要素——柱子，因为要承担结构支撑的作用，通常不是孤立的，而是与其他因素同时存在的。如图4-18所示，柱子位于一个限定的空间容积中时，便会在自身周围产生一个空间领域，并且与空间的围护体相互作用；当柱子位于空间中心时，柱子本身俨然就成为空间的主宰，同时也划分出了一定的空间区域；而当柱子的位置发生变化时，所限定空间的等级关系也会发生微妙的变化。图4-17中的防洪纪念塔也是一样，高耸的塔身与环绕的弧形柱廊之间也限定出了供瞻仰观赏的纪念空间。

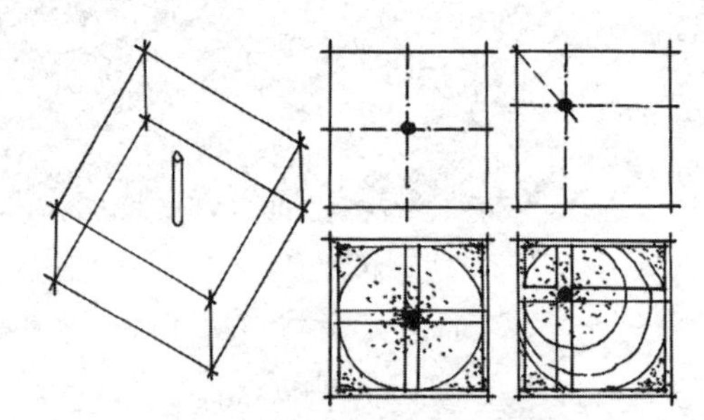

图4-18 柱子位于限定的空间容积中

没有边和角的限定就没有空间的容积；而这时，由柱子所形成的线性要素正好适合于限定那些需要与周围环境保持视觉和空间连续性的边界。而当这些边界上线的数量上发生变化时，空间的封闭性也产生了变化，空间容积的限定也进一步加强。而当这些限定在某个方向上变得越来越密的时候，甚至到了极限，垂直的线也就演变成为垂直的面——墙（图 4-19）。

古典建筑中常见的，便是一系列间隔规整的柱子所形成的柱廊。这种典型的垂直线要素有效限定了空间的边界；同时还在空间与其周围环境之间保留着视觉与空间的连续性（图 4-20）。

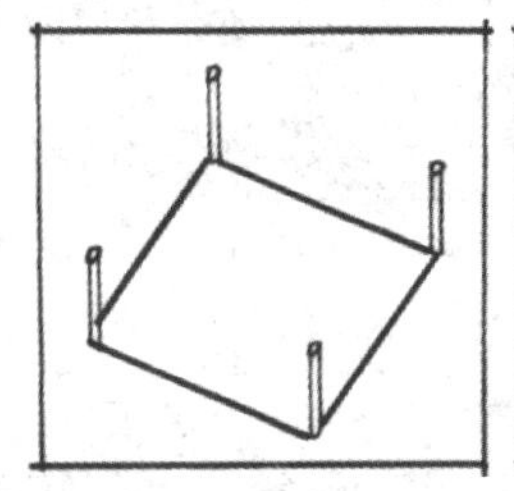
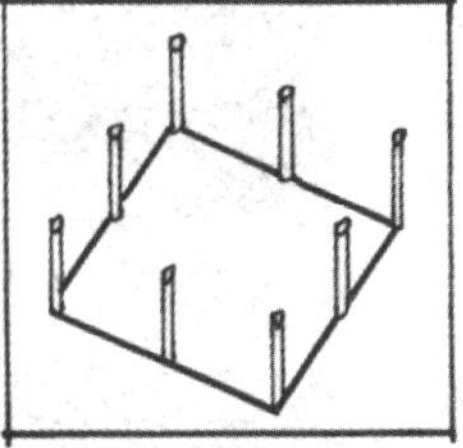
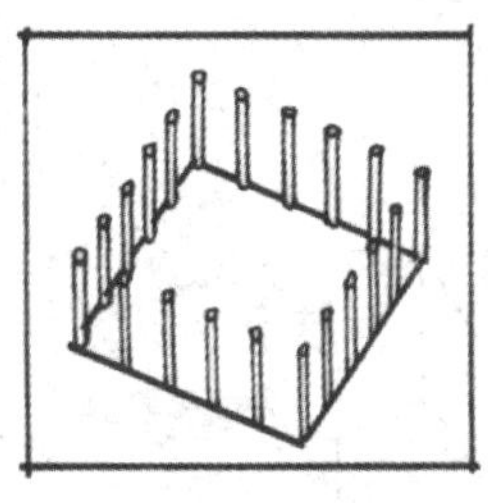
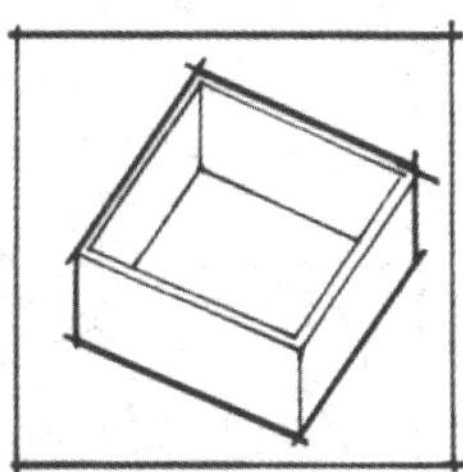

图 4-19　垂直线要素

图 4-20　梵蒂冈圣彼得大教堂广场柱廊

2）垂直面

独立垂直面的视觉特征与垂直线完全不同。一根柱子，它可以"四面来风、八面玲珑"，因为它有多个方向可以选择；而当它演变成一面墙的时候，就只剩两个方向可以选择了：一是在其左右，有很强的方向限定感，特征为延伸；同时在与它垂直的方向，即前与后，又产生了强烈的阻隔感。

尺度，是垂直面非常重要的一个因素。当垂直面不到半米高时，可以限定空间边界，但几乎不提供围合感，抬脚就可以跨过去，如图 4-21（1）；当它齐腰高时，围合感渐渐产生了，但还保持着一定的视觉联系性，如图 4-21（2）；当它接近人的视线高度时，便开始将人所处的空间与外面的世界分隔开来，如图 4-21（3）；而再进一步到超过人的身高时，就将完全打断了两个领域之间的视觉和空间的连续性，并且提供极其强烈的围护感，如图 4-21（4）。

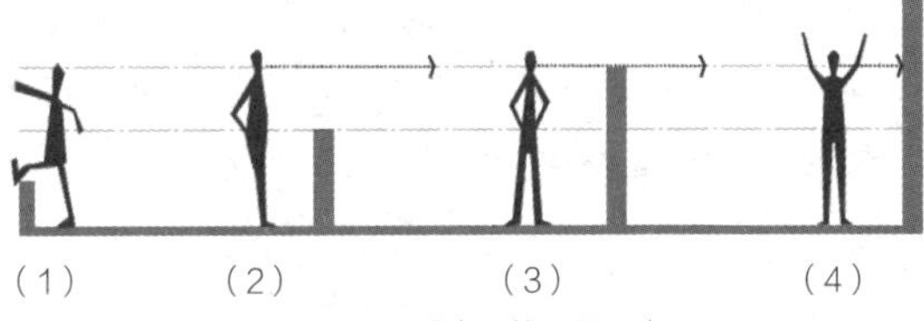

图 4-21　垂直面的不同尺度

图 4-22 是北京故宫的围墙，我们都读过很多发生在围墙内部的宫廷故事，正是这道高大围墙的存在严格限定了皇族拥有的绝对权力的范围。

图 4-22　故宫墙根对空间的限定

另外，当垂直面去限定空间的时候，面上开设的洞口等，可以使得空间具有特定的方向：可以是面对空间并限定一个进入该空间的面，也可以是空间中的一个独立要素，把空间分成相分离又联系的两个地带（图 4-23）。

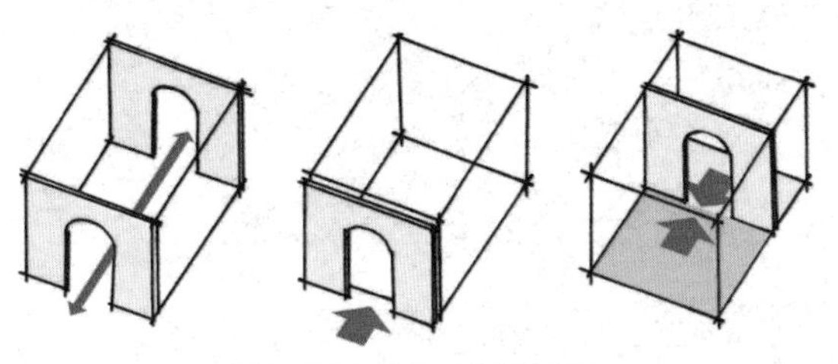

图 4-23 垂直面对空间的限定

现代主义建筑大师密斯·凡·德·罗，在他最为著名的作品西班牙巴塞罗那国际博览会德国馆中，建筑只用了简单的片墙、柱子、玻璃等片段，这些片段在平面上相互交错，构图上与蒙德里安独具风格的作品如出一辙（图 4-24）。这些垂直面的作用除了限制空间之外，还打断了建筑体量的连续区域，创造出一个自由、开放的平面；使得展示空间既分隔又连通，互相衔接、穿插，游人在穿梭行进中可以感受到丰富的空间变化，引发对空间的无限遐想。这正是密斯大师毕生所追求的流动空间（图 4-25）。

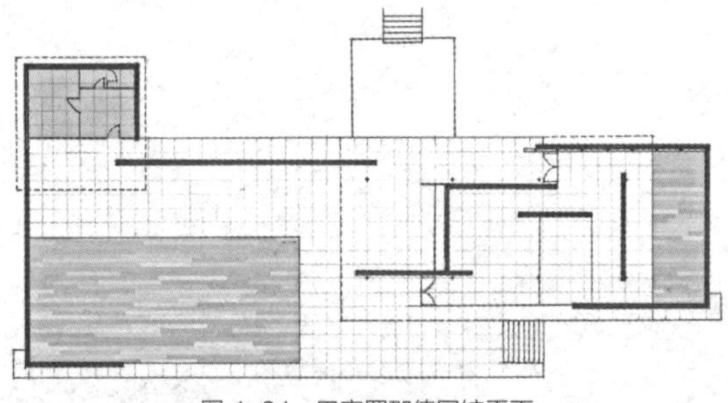

图 4-24 巴塞罗那德国馆平面

图 4-25 巴塞罗那德国馆建于 1929 年，是密斯早年重要的设计作品

4.1.4 L 形面与平行面

相对于独立的垂直线和垂直面，多个垂直界面的组合，可以创造更为丰富的空间体验。

1）空面面相聚——L 形面

两道垂直面相交成 L 形时，因为 L 形内转角的存在，所形成的空间领域是从转角处向外划定的。在转角的位置，空间领域被强烈的限定和围起；而当从转角处向外运动时，空间领域就逐渐消散了。内角处的空间领域呈内向性，沿外缘则是外向性的。用附加的垂直线要素或者对基面和顶面加以处理，可以使空间领域进一步明确；如图 4-26 是哈尔滨工业大学寒地建筑科学研究中心二楼的休息区，就是用了几根柱子来辅助限定 L 形面所形成的空间。

图 4-26 哈工大寒地科学研究中心二层休息区

对于 L 形界面围合出来的空间，如果在转角处加上一些变化，空间属性也会发生改变。如在转角处开设洞口时，除了内角处的空间领域有所削弱外，也会发现空间中本来相聚的两个面有了彼此分离的趋势，其中的 A 界面看上去好像要滑过 B 界面，并且在视觉上也开始支配 B 界面，见图 4-27（1）。而当在 L 形面转角处的两个方向上都开设洞口的时候，空间领域就不再内向，而形成了一处沿对角线“动感十足”的空间序列，见图 4-27（2）。

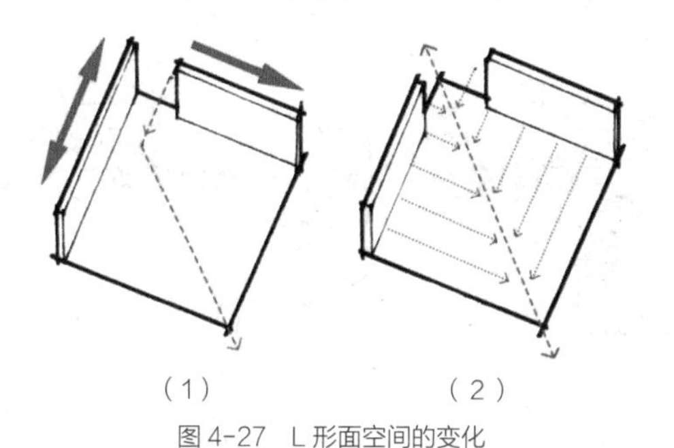

（1）　　（2）

图 4-27　L 形面空间的变化

很多建筑本身就是 L 形的，限定出一片与室内空间相关联的室外空间。同时，多个 L 形的建筑也可以自由组合，限定出各种富于变化的室外空间。这张谷歌地图的局部，便是哈尔滨市道里区著名的“安字片”社区，建成于 20 世纪 90 年代（图 4-28）。由于哈尔滨市地处高纬度严寒地区，日照间距相对较大，住宅建筑如果行列式布置的话，则占地过多，经济性较差；故哈尔滨市 20 世纪八九十年代的住宅小区，经常沿袭着城市道路的肌理布局，建筑的平面也大多呈 L 形，或者 U 形。这样做的一个好处，就是形成了许多开放性与私密性兼顾的内院，承载着社区居民的户外活动，构建了良好的“从家到院落再到中心广场开放空间”的生活层级。

2）面面分离——平行面

一对平行布置的垂直面，在它们之间也会限定出空间领域。但因为该领域具有由面的垂直边缘所形成的开敞两端，空间会体现出沿着两个垂直面间的对称轴的很强的方向感。

图 4-28　哈尔滨的“安字片”街区

由于平行面互不相交，所以不同于 L 形面所限定出的空间转角处的内向性，平行面限定的空间基本上都是外向性的。平行面两侧的面，它们的形式不一定是完全一样的，可以是一面是独立的垂直面，另一面是一排柱子；也可以在两个面上，开着完全不同的洞口；这些洞口，除了增加方向性之外，还会在原有的空间领域中产生一个垂直于空间流的次要轴线（图 4-29）。一组垂直的平行面，材质与质感也不一定是完全一样的，如哈尔滨工业大学建筑馆二层的风雨连廊，一面是很实在的垂直的墙，主要用来展示海报以及发布生活讯息，与之相平行的则是一道通透的玻璃幕墙，透过它可以将整个院落的情境展现在同学们的面前（图 4-30）。

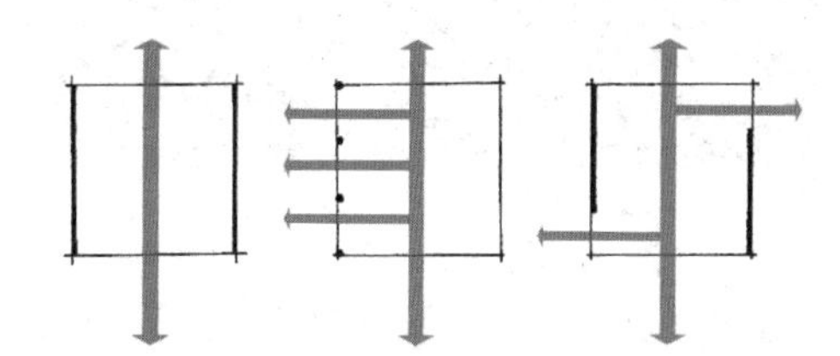

图 4-29　平行面空间的变化

图 4-30　哈工大建筑馆风雨连廊

建筑空间中好多要素都可以看作平行面，如哈尔滨工业大学二校区主楼阳光大厅内摆放的两排展架等（图 4-31），既有展示作用，又限定了同学们穿行的路径。室外环境中，街道与其两侧平行的树木，也可以看作平行面限定的空间。图 4-32 是深秋季节日本札幌北海道大学银杏大道的入口，左右两侧的银杏树整齐划一，深秋时节茂盛的顶端自然交叉，又仿似给平行面限定的空间增加了一处顶面，使得空间感进一步加强。

图 4-31　哈工大阳光大厅展架

图 4-32　札幌北海道大学银杏大道

另外，当平行面限定空间的时候，平行的面上因开设门窗洞口所发生的变化，往往会使空间变得更加流动并有趣起来。图 4-33 是美国著名建筑师理查德・迈耶设计的旧韦斯特伯里住宅的各层平面图，由平行面所限定的空间流，沿着走廊、厅堂和长廊自然地与建筑物中的行动轨迹相吻合。这些平行的面，有些是不透明的实体，为交通轨迹沿线的空间提供私密性；有些则是一排柱子或通透的落地玻璃窗，与外界环境获其他功能空间相互呼应，产生交集。

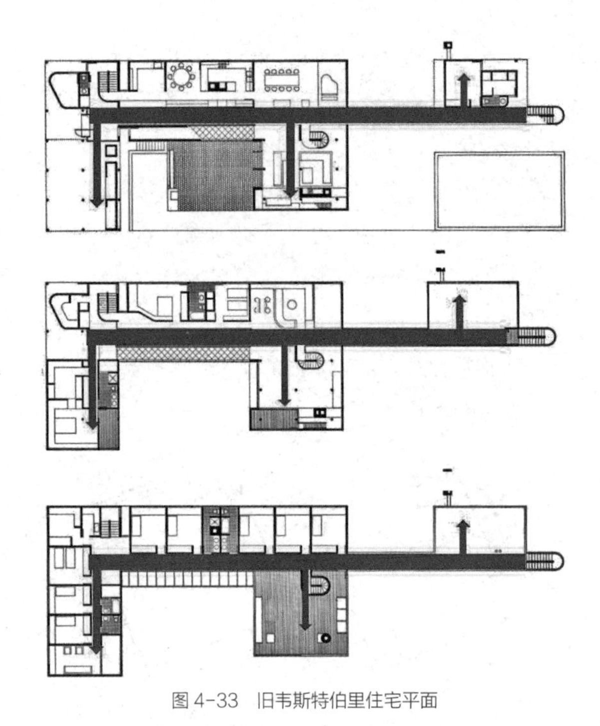

图 4-33　旧韦斯特伯里住宅平面

4.1.5　U 形面与四周面

如果说 L 形面和平行面是通过一对垂直界面来限定空间领域，那么 U 形面和四周面则是通过更多界面的组织来围合空间。图 4-34 是台湾地区微热山丘凤梨酥位于南投县山中的总店，一处典型的三合院，这也是我国闽南地区乡村中常见的民居形式。图 4-35 则是一张老北京四合院的鸟瞰，四栋不同方位的建筑围合出了自在的一方天地。两栋建筑虽地处一南一北，但其空间形式中却都饱含着浓浓的东方文化与中国智慧。

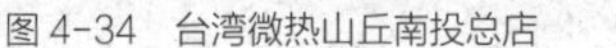

图 4-34　台湾微热山丘南投总店

图 4-35　北京四合院

1）三合空间——U 形面

U 形面，其典型特征就是在空间范围之中，具备着一个良好的、内向的空间焦点，同时方向朝外。在整个 U 形造型的封闭端，空间范围得到很好的界定，内向性非常强；与此同时，在开放端，空间领域又具备了一定的外在性。

开放端是决定一个 U 形面空间形式的主要因素，它使得该空间与相邻的空间保持视觉上和空间上的连续性。所以，为了强化开放端，可以把 U 形空间的基面稍微延伸出开放端，这会使得空间更具开放性；而如果开放端处加一些界定空间边缘的柱、横梁、顶面等，则会使空间领域更加封闭。

当 U 形空间具备不同的开间与进深的比例关系时，空间特性会发生变化。当进深加大，开间宽度很小，U 形空间会具备封闭与忧郁的特征，人处于其中会有一种强烈的孤独感，产生要向外逃离的趋势；而当比例接近于 1：1，尺度也比较均衡的时候，U 形空间便体现出一种淡泊而宁静的特性；而当开间加大，且远大于进深方向时，U 形空间就会变得更加活泼与开放，并可以分隔成多个不同的小空间（图 4-36）。

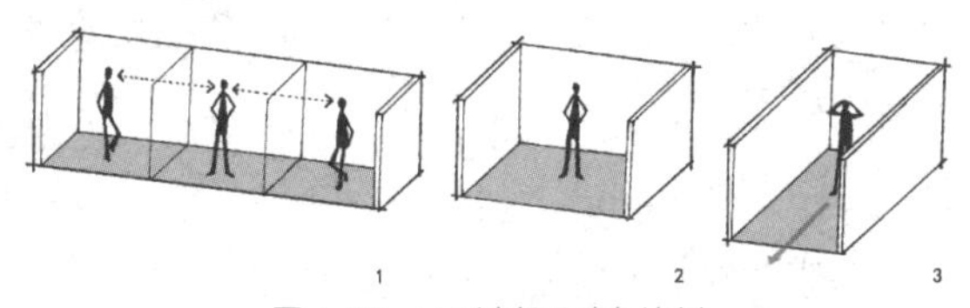

图 4-36　U 形空间尺度与比例

而如果空间高度再发生变化，也会改变空间的引力。当空间的高度与开间宽度相等时，空间具有一定的引力感，这类空间较为常见；当空间的高度小于开间宽度时，空间引力感增强，这类空间能让人强烈感受到顶界面的存在；而当空间的高度明显大于开间宽度时，空间的引力感明显减弱，体现出高耸的感觉，如哥特式教堂的内部空间（图 4-37）。

如果我们从开放端开始，步入一个 U 形空间，与我们相对的封闭端将终结我们的视野，这一封闭端将成为决定 U 形面空间感觉的主要因素之一。当这一界面在造型上有所处理时，U 形面空间的方向感就会变得更加的明确。而如果在封闭端附近，U 形面的转角处引入一些洞口，就会在 U 形的空间领域之中产生很多小的次要的空间范围（图 4-38）。穿越这些“动感”的洞口进入该领域时，则开放端之外的景象将会抓住我们的注意力，并结束视线的序列。

图 4-37　巴黎圣母院平面图和室内空间

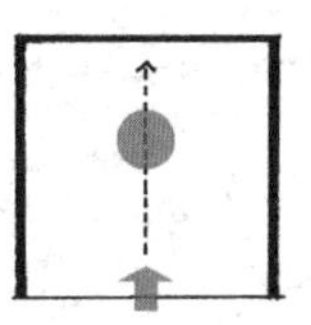
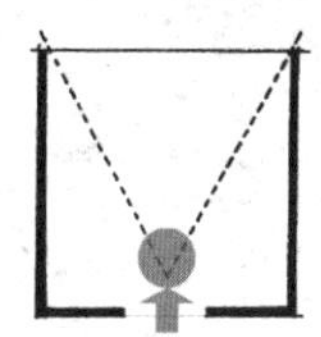
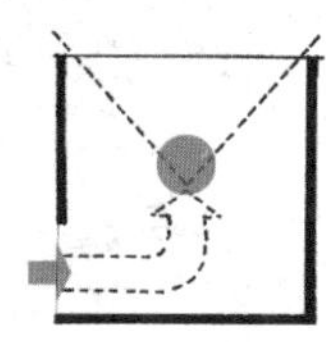

图 4-38　U 形空间封闭端成为空间的主要因素

如图所示的是意大利罗马的坎皮多里奥广场（图 4-39），广场边的建筑在三个方向形成一种 U 形的限定，使得这一处室外空间，有着很强的围护感。而在开放端所对应的这栋建筑上居中对称设置典雅的入口与高耸的塔楼，在使得空间感受更为强烈的同时，也为城市开放空间的轴线划上了终结。

图 4-39　坎皮多里奥广场

2）四合院落——四周面

当 U 形面的开放端也封闭起来时，U 形面便成为四周面，这是一个毋庸置疑的内向空间，也是最为典型的建筑空间，限定作用最强。

如果构成该空间的某一个围合面，在尺寸、形式、材质、颜色或者开洞形式等方面不同于其他面，如改变底面的质感，或者更换侧面的材料等，都会使这个面在该空间中获得视觉上的支配地位。

在 MAT Office 事务所的海狸工坊办公空间改造项目中，面对原有单层桁架结构厂房的封闭空间，通过另一个“盒子”的植入来完成对使用空间的加建；而新建“盒子”上的墙体上开设多个洞口，除了联系空间之外，也成为封闭的四周面中活跃的视觉元素，创造出一个灵活、互动、平等、趣味的空间氛围（图 4-40、图 4-41）。

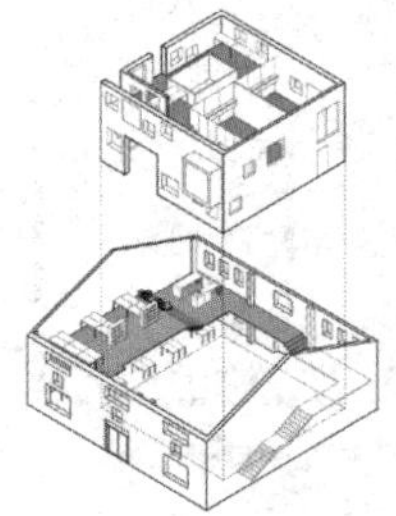

图 4-40 海狸工作坊办公室轴测图

图 4-41 海狸工作坊办公室室内效果图

用四周面形成院落空间，也是中国人自古流传的最为习惯的空间方式之一；众所周知的老北京四合院里，封闭内敛的庭院成为组织空间秩序的要素，围绕着庭院，正房、厢房、耳房等建筑聚合成群、尊卑有序，也使得这一空间群组具备了如下的特征：强烈向心性、规则的形体、明确的限定等。于是，四合院，便成为中国北方汉民族合聚的家庭结构、内敛的家庭生活在空间上的真实写照，“关起门自成天地，东西北伦理秩序”，院子成为一大家人生活的中心与重心，和和美美，其乐融融。

4.2 界面的材料之择

上文的节段重点论述了空间的重要属性之一，界面；而对于界面来说，也存在着一个不可不提的重要属性，即材料。

提起材料，我们的脑海里一定能马上浮现出一堆物体，如砖、混凝土、钢筋、木材、石材、金属材料、玻璃等等，都是在建材市场里非常普通、常见的物体；但却正是这些普通、常见的物体经过有秩序的组合，有些变成了墙、有些变成了柱与梁、门与窗，进而“变幻”出一栋栋的建筑，并组合成为我们伟大的城市、美丽的家园……

4.2.1 材料流转，界面变迁

建筑空间以及空间形式的构成离不开特定的材料，建筑空间、界面形式与材料之间存在着密切的关系：一方面，不同的材料需要不同的建造与构造方式；而另一方面，新材料的出现往往是新的建筑空间、形式发展的主要推动力之一，古往今来众多形式各异的杰出建筑，都体现着材料、界面与空间三者的互动。

上溯到距今 2400 多年前的古希腊时期，耸立着一栋伟大的纯粹用石头建造起来的房子——雅典卫城的主建筑帕提农神庙，虽然现今的样子已经残破，但依稀还能够看出当年的雄伟与壮观（图 4-42）。

图 4-42 帕提农神庙

在古希腊之后，承袭古希腊精神的古罗马人在运用材料上更上层楼。气候温和的亚平宁半岛上集中着大量火山，聪明的古罗马人发明了以火山灰为活性材料的天然混凝土，一场没有钢筋的混凝土建筑的探索开始了，其中最伟大的便是万神庙，其穹顶以 43.3m 的直径雄踞一千多年世界最大穹顶称号（图 4-43）。

图 4-43　万神庙

而在遥远的东方，勤劳伟大的中国人，却将目光锁定了木头这样一种温润的材料。到了明清时期，以榫卯为主要连接方式的木构架建筑已经发展到了巅峰；如图 4-44 的故宫太和殿，其共有 72 根大木柱承载建筑的全部重量，支撑起了这一面阔 11 间，进深 5 间，高 26.92m 的气势非凡的“金銮殿”。

图 4-44　故宫太和殿

让目光再回到欧洲，古希腊和古罗马之后，虽然建筑风格一直在演变，出现了拜占庭、哥特、巴洛克等多种伟大的探索，但由于建筑材料未有大规模的变化，并没有出现完全颠覆性的改变。直到 19 世纪中叶工业大革命的出现，促成钢和玻璃在建筑中大量应用，使得建筑的发展上升了一个新的台阶，建筑规模可以变得更大，如 1851 年伦敦万国博览会主展馆水晶宫，占地面积达到了 7.4 万 m^2（图 4-45）。

图 4-45　水晶宫

同时，钢和玻璃的运用，可以使建筑界面从封闭变透明，使建筑更为轻盈与美丽，如著名建筑大师密斯・凡・德・罗的代表作范斯沃斯住宅（图 4-46）；也可以使建筑从集中变延展，与自然环境有机交融，浑然一体，如另外一位同时代齐名的大师弗兰克・劳埃德・赖特的经典作——流水别墅（图 4-47）。

图 4-46　范斯沃斯住宅

图 4-47　流水别墅

而现代建筑发展到 20 世纪末，又有一大批新的材料涌现。一向以大胆、前卫而著称的建筑师弗兰克・盖里，在西班牙的毕尔巴鄂，用 3.3 万块钛金属片，创造了熠熠发光的雕塑感极强的古根海姆博物馆（图 4-48）。因为要构成建筑中那些不规则的流线型多面体，只有延性更好的金属板才能实现。

图 4-48　古根海姆博物馆

在 2008 年的北京奥运会，也出现了一栋精致、典雅的建筑，那就是国家游泳中心——“水立方”。为了实现“水”的立方的设计理念，一种轻质的新型材料——ETFE 膜功不可没，其外围形似水泡，同时具备一定的透明性，赋予了建筑冰晶状的外貌，体现了水的神韵（图 4-49）。

图 4-49　国家游泳中心——“水立方”

两年后的 2010 上海世界博览会，则成为新型建筑材料缤纷登场的舞台：如名为“种子圣殿”的英国国家馆，最大的亮点便是应用了 6 万根蕴含植物种子的透明亚克力杆，就像触须一样，随风轻微摆动，使展馆表面形成各种可变幻的光泽和色彩。同时，日光也会透过这些亚克力杆，照亮“种子圣殿”的内部，并将数万颗种子呈现在参观者面前（图 4-50）。而西班牙国家馆“藤条篮子”，则采用了天然藤条编织成的一块块藤板作外立面，呈现出波浪起伏的流线型；阳光透过藤条缝隙，柔和的洒落于展馆内部，神秘又梦幻（图 4-51）。波兰国家馆，采用了经独特工艺加工的胶合木板，辅以玻璃、聚碳酸酯以及防水或防紫外线辐射的材料，表面布满镂空花纹，构成了仿若民间剪纸一样的墙体（图 4-52）。

图 4-50　2010 上海世博会英国馆

图 4-51　2010 上海世博会西班牙馆

图 4-52　2010 上海世博会波兰馆

从上面的例子中我们可以得出这样的感受：独特的材料构成了别致的界面，从而为建筑也带来了不一样的性格与精神。材料流转，界面变迁，于是，空间上的界面与其重要的组成因素之一材料，也变得难舍难离起来。

4.2.2　材料与界面的辩证关系

古往今来，建筑师在设计建筑的时候都要去了解各种建筑材料的特性，发挥出各种材料的造型潜力，进而演绎出个性鲜明的建筑形象。

那么，材料的特性都有哪些呢？如果按照当今比较流行的物理学和化学的分法来看，材料有密度，有表观密度，有堆积密度；有空隙率与孔隙率；有亲水性与憎水性；吸水性与吸湿性；弹性与塑性、脆性与韧性等等。而对于建筑师来说还要关注的，是建筑材料的一种更为抽象、更加外显的一种特性，即材料与界面形式的辩证关系。

让我们从最简单、最常见、最朴素的材料——砖来说起。众所周知，黏土是制作砖的基本材料，经过搅拌、出坯、烧制，获得稳定的长方体形态和一定的力学和视觉性能；在这个阶段，当我们把砖和黏土进行对应的时候，黏土是砖的材料，而砖是黏土的外在形式。进一步把砖砌成一片墙，其中砖的布置方式决定了墙是什么样的；在这种情况时，砖就成为墙的材料，而有一定体积、形态的墙成为砖的高一级的“形式”。以此类推，当我们把一片片的墙，围合出空间，建构起建筑的时候，墙就成了建筑的材料，而建筑成为墙的形式。当建筑组织成城市的时候，建筑成为城市的材料，而城市成为建筑的形式。

所以说，材料与形式是在不断的转换之中，形成一定的等级序列的。这样的等级序列，越往高阶发展，其“形式”成分越大、而“材料”的原始属性剩余越少，而建筑文化的丰富性，在于不同时代的不同建筑师在不同建筑中所建立的等级序列是不同的。

建筑大师路易・康曾说过一句非常浪漫的话，“砖想成为拱”，这拟人化的说法，就像他所设计的印度经济管理学院校园里的砖拱一样：砖因为适合受压的力学特性，所以拱券形式能够很好地表达砖相互挤压的状态，于是，拱券下面就可以开辟出与重力感相反的轻盈的弧线洞口。

另外一位大师密斯，他对砖的理解则不太一样，他也说过一句经典名言：“建筑始于把两块砖仔细的摆在一起。”相较于路易斯康注重砖的重力特性，以及适合挤压的状态；密斯这句话表明他更为关注砖的密实长方体的形式，以及其横竖正交所带来的建筑界面各式各样的纹理。

于是，我们就会产生这样的心得：既不能离开材料，孤立地去研究形式；也不能离开相应的形式，去孤立地研究材料。作为一名建筑师，需要在建筑设计中体验材料与形式的转换序列，以及材料形式与空间、界面之间的基本关系。而如果在这层关系上再加上“历史沉淀”的视角，可能就更加耐人寻味了。

让我们来拓展一下思维，看看砖还想成为什么？

从建造性角度来说，砖，适合单人砌筑作业，与密集的劳动力相联系；体现着后工业时代难能可贵的手工艺水准。从形式角度来讲，砖，有着长方体的形状，单块砖体积不大，但用各种排列砌筑方式可以完成多种造型的墙体，可以是平面，也可以是曲面，可以是 L 形面，可以是 U 形面，等等，都会带来丰富的表面肌理；而当这种肌理表达出建筑对重力的克服过程时，又可以一反常态的轻盈起来，使空间从封闭走向透明。而当我们去关注另外一个属性——真实性时，还会发现砖在长期的使用中会带来一种传统感，是一种带有历史印迹的怀旧符号。

宁波历史博物馆是普利兹克奖获得者建筑师王澍的代表作之一，其以凝重的体量、独特的材质，彰显出宁波地域历史的印痕（图 4-53、图 4-54）。

图 4-53　宁波历史博物馆

图 4-54　宁波历史博物馆墙面

王澍建筑师本人曾如此评价过这栋建筑："一片片细碎的砖瓦，在时间的辗转中幸存下来。它们重新聚合，在不同的瞬间，斑驳错落，构成一面奇特的整体，也倾诉着建筑想要说的话。"

这文艺的话语，恰好配合着艺术的空间：在砖瓦墙的旁边，即是具有江南特色的毛竹制成特殊模板，所形成的清水混凝土墙、毛竹随意开裂后形成的肌理效果也仿似与周遭的陈旧相得益彰起来（图 4-55）。

图 4-55　宁波历史博物馆

而建筑中材料真实性的表达，则可以从建筑师的另一段话得以彰显："之所以对瓦片墙感兴趣，就是因为那些材料里包含着厚重的时间感。这就是为什么它会被大家所珍爱，而不是简单地运用旧材料堆砌的原因，因为这些砖，它是蕴藏着时间和文化意义的。"

4.3　案例分析

4.3.1　李子林住宅（House in a Plum Grove）

建筑师：妹岛和世 (KAZUYO SEJIMA)

项目地点：日本 东京

建成时间：2003 年

李子林住宅（图 4-56 ~ 图 4-58）是妹岛和世于日本东京完成的作品。建筑外界面展现了建筑的统一性和透明感，建筑整体是个极其简单的白色不规则的六面体，立面平整，几乎没有多余的凹凸或变化。立面上不规则的门窗洞口的存在打破了建筑内外的分割，外部的光与景观得以渗透入建筑内。在建筑内部，建筑师以垂直与水平两个方向的限定构成空间。墙体既是结构主体，也是分割空间的界面。两片十字交叉的垂直墙体构成了空间构架的主体，水平墙体缺减形成了建筑内主要贯通空间。两者结合将空间分割为 18 个大小不一，极富张力的空间。垂直界面上打开的错落的洞口使本应彼此分隔的空间奇妙地连接在一起，也使得内部空间视线相互延伸穿透，营造出不可思议的视觉感受。

图 4-56　李子林住宅外观

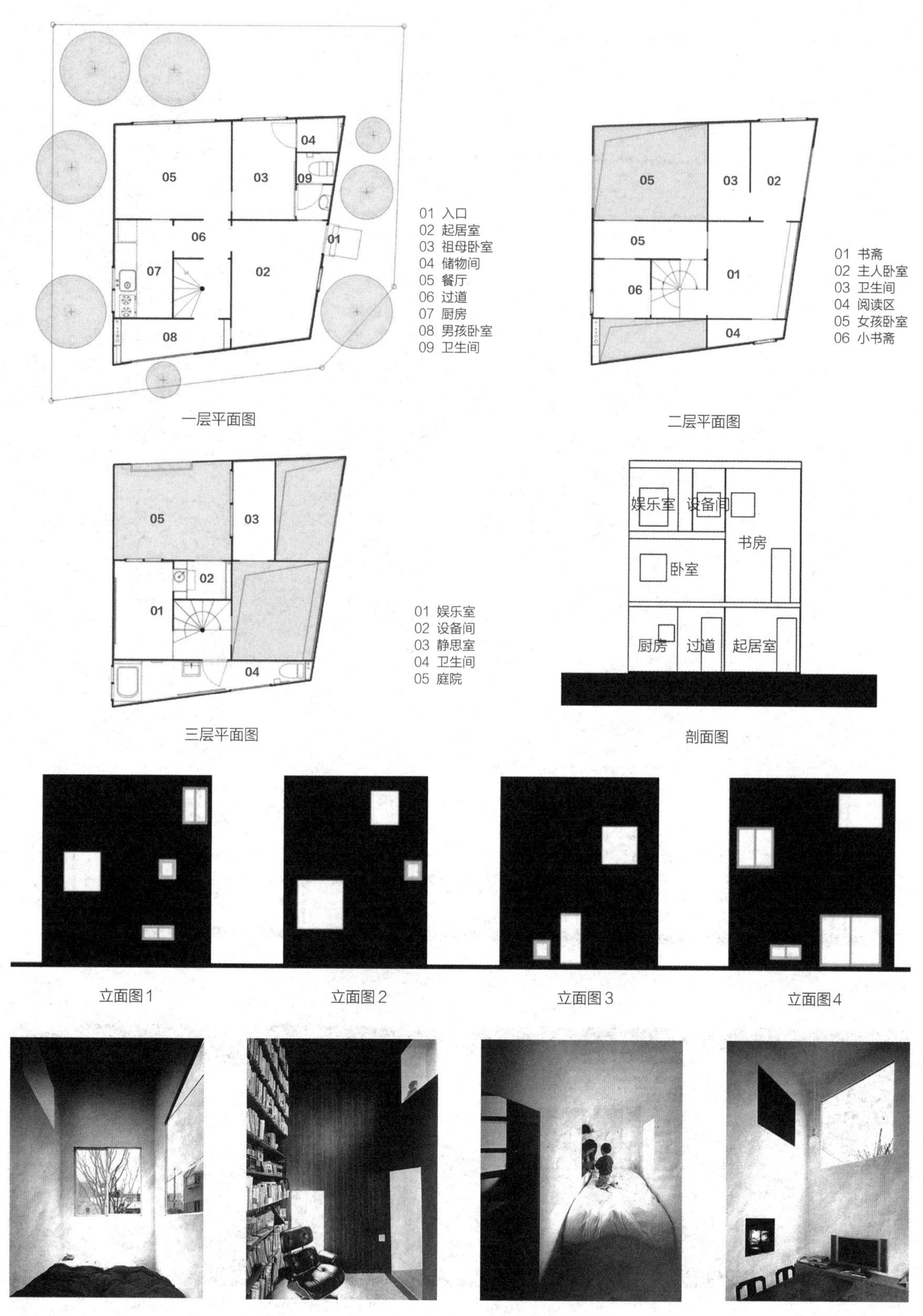

图 4-57　李子林住宅平面与立面图

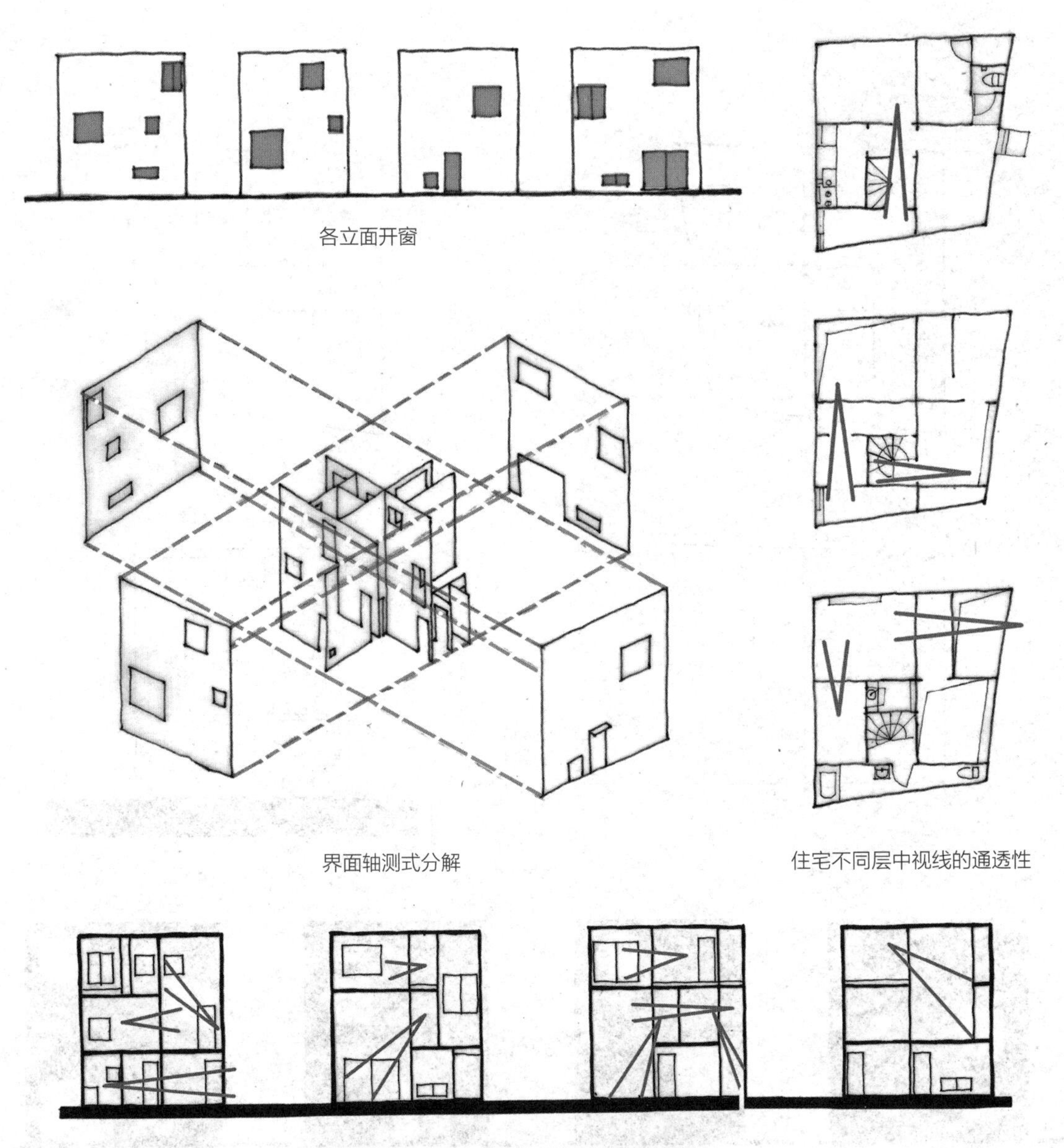

图 4-58 李子林住宅分析图

4.3.2　House N

建筑师：藤本壮介 (SOU FUJIMOTO)

项目地点：日本 大分市

建成时间：2008 年

House N（图 4-59 ~ 图 4-61）是藤本壮介为一对伴侣和一只狗设计的一个家。建筑有三层墙体，一层嵌套着一层。外层墙体将整个别墅和花园包裹其中，为了不影响花园的光照，所有的墙面都开着大大的窗户，在降低街外日常生活喧嚣的同时也不会跟外界产生隔阂；中层是过渡空间；最里层是主人生活所需的私密空间。藤本壮介正是通过界面嵌套的方式，使空间一层层由城市过渡到建筑，室外过渡到室内，开放过渡到私密，营造出外中有内、内中有外的意境。不仅如此，他还模糊了房屋与街道或都市之间的界限，创造出了丰富有趣的过渡空间。

图 4-59　HOUSE N 住宅外观

4.4　技能与方法：建筑图纸的内容

图纸是建筑师表达设计的主要方式。在设计活动中，图纸是建筑师的语言，通常是设计者想法的直观表达和呈现，也是建筑师相互之间、建筑师与业主之间、建筑师与施工方之间、建筑师与公众之间的一种交流媒介。建筑空间是三维存在，图纸是二维平面，建筑图就是在二维媒介上对三维空间的再现。随着计算机技术的发展，三维建筑模型、建筑空间动画展示和虚拟现实等可视化手段可以帮助建筑空间的理解和认知，是对建筑图示语言的有力补充和提升。

建筑图有着悠久的历史，宋代《营造法式》、清代《营造则例》中保存记载了大量珍贵的中国古建筑图样，包括平、立、剖面图、轴测图、大样详图等，用来表示建筑构造和设计的做法，其相当于现在的建筑设计和工程的标准、规范，也是当时以及先前历代工匠建筑经验的积累（图 4-62、图 4-63）。清代"样式雷"为皇家宫殿、园囿、陵寝以及衙署、庙宇的设计和修建工程绘制了多种图样并建造了模型小样，是当今了解清代皇家建筑十分宝贵的资料。

建筑图纸的内容包括总平面图、平面图、立面图、剖面图、细部节点图、分析图、表现图、设计说明、经济技术指标等。总平面图、平面图、立面图、剖面图等通常具有特定比例，以便于图纸阅读和查对。

1）总平面图

建筑总平面图的作用在于明确建筑物位置和朝向，反映建筑的总体布局，展示建筑与周边环境的相互关系。将拟建工程四周一定范围内的新建、拟建、原有和拆除的建筑物、构筑物连同其周围的地形地物情况，用水平投影的方法和相应的图例所画出的图样，即为总平面图（图 4-64）。

平面图

图 4-60 House N 分析图 1

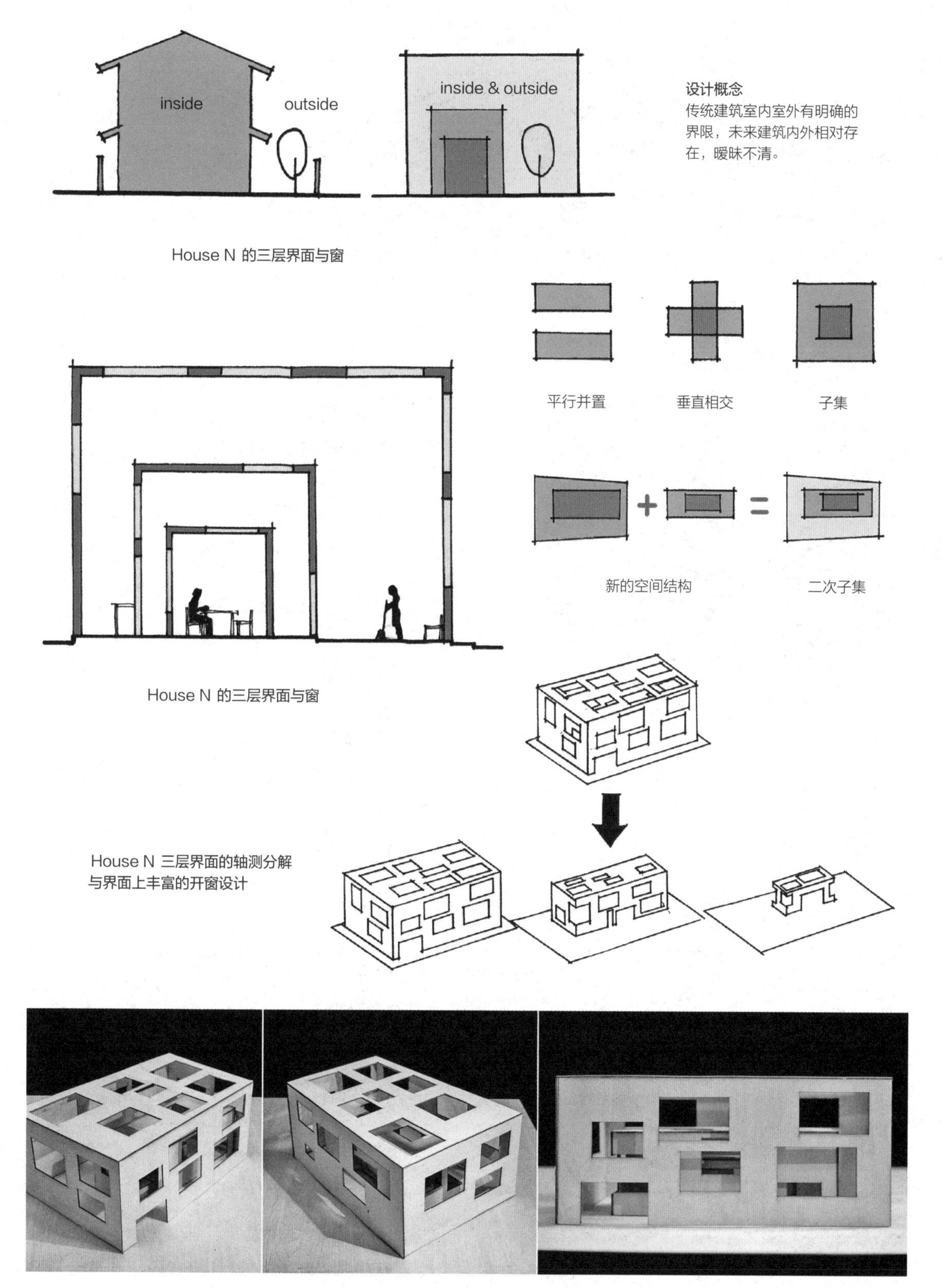

图 4-61　House N 分析图 2

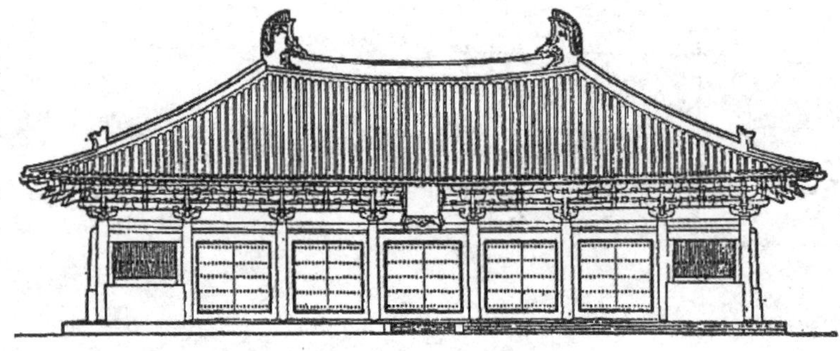
图 4-62 山西五台佛光寺大殿立面图

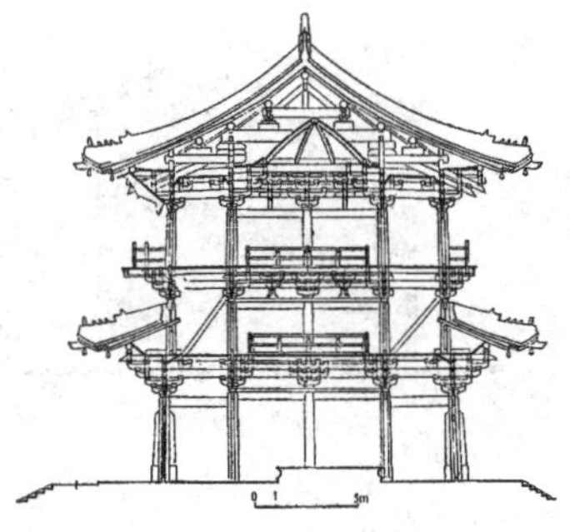
图 4-63 天津蓟县独乐寺观音阁剖面图

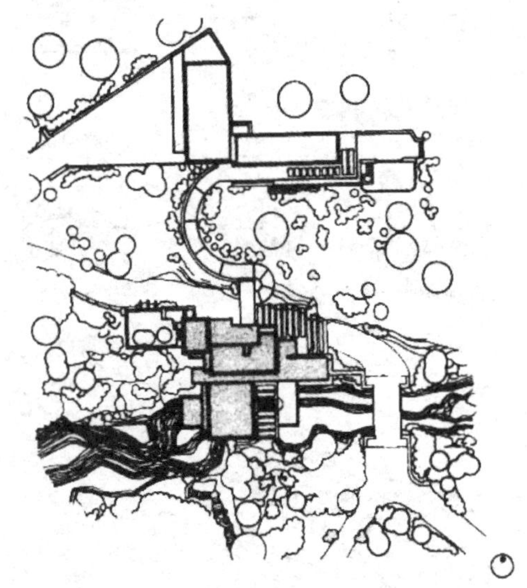
图 4-64 流水别墅总平面图

2）平面图

建筑平面图包括建筑各层（地下各层、首层、中间各层和顶层）平面图，展现了建筑各层的整体结构、平面布局、空间分割和交通联系，以表明各层在水平方向上的整体联系[1]。建筑平面图是用一个假想面在本层的窗台略高位置作水平剖切，拿走上半部分后，剩余部分自上而下作正投影而形成的（图 4-65）。

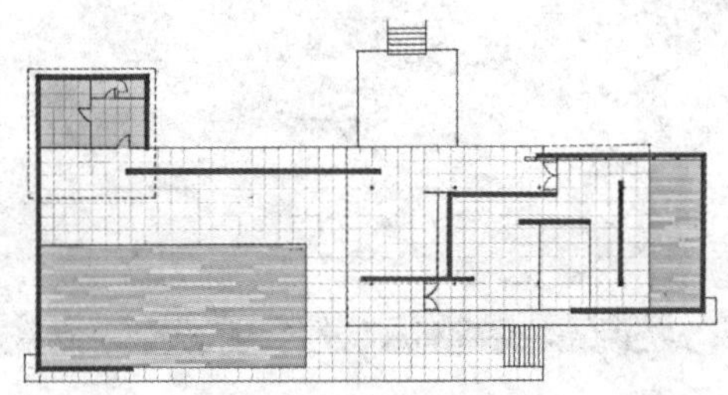
图 4-65 巴塞罗那国际博览会德国馆平面图

3）立面图

建筑立面图主要表现建筑物的外观特征和艺术效果。按某一朝向从无穷远处正视建筑，绘制其平行投影图可得到立面图[1]（图 4-66）。

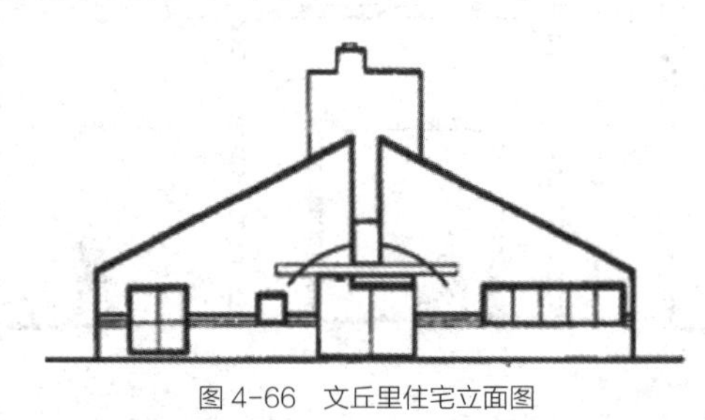
图 4-66 文丘里住宅立面图

4）剖面图

建筑剖面图主要表达建筑内部的结构形式以及垂直方向上的空间关系和高度变化。

根据平面图上所示的剖切位置，假想一垂直剖切面，自上而下将建筑剖开两半，绘制其中一半的正投影图可得到剖面图[1]（图 4-67）。

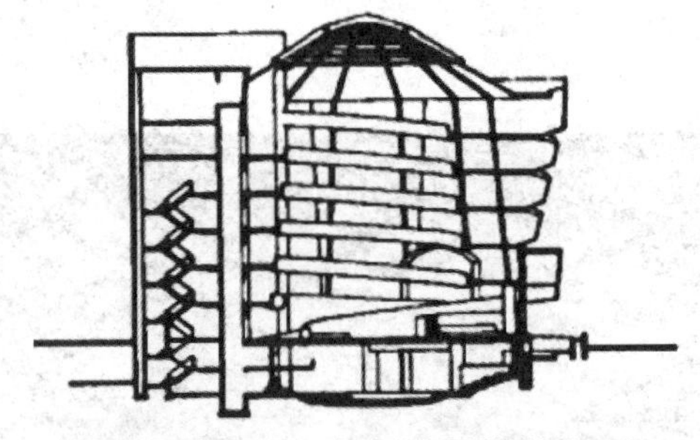
图 4-67 所罗门·R·古根海姆博物馆剖面图

5）细部节点图

建筑细部节点图也称大样图、建筑详图，是将必要的建筑细部构造用大比例进行绘制的图样[3]，包括墙身、楼梯间、楼板、阳台、屋顶、台阶、散水、女儿墙、地下室、保温层、变形缝等的构造详图，可表明其构配件、构造层间的关系及材料、做法、尺寸等，是建筑施工建造的重要依据[3]。建筑细部节点图一般为从建筑平立剖面等适当位置索引出的断面图[3]。具体节点做法可参考使用标准图集中的详图构造（图 4-68）。

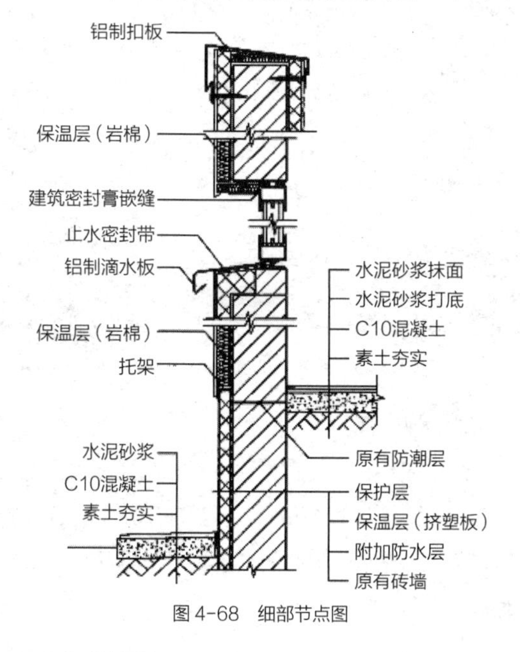

图 4-68　细部节点图

6）分析图

分析图（图 4-69）是建筑设计策略和设计思路最直观的图示表达，是建筑师设计理念和设计逻辑的体现。分析图表达灵活，种类复杂多样，包括场地、概念、形体、功能、流线、空间表达、结构分析等。

7）表现图

建筑表现图，又称效果图，是以写实手法对建筑与周边环境进行表达，将建筑建成后的效果直观展示出来的图示表达，既能表现建筑立面的二维形象，又能直接表现建筑的三维形体。表现图中对光影、色彩、材质、环境的表达丰富了建筑形象，营造了建筑真实氛围，具有很强的艺术表现力。传统的建筑表现图是手绘而成，具有水墨渲染、钢笔（图 4-70）、铅笔（图 4-71、图 4-72）、马克笔等多种表现风格。当今，计算机软件建模渲染而成的建筑表现图更加普遍，其表达更精确，真实性更强，也具有多种不同形式的表达风格。

建筑表现图根据其透视视角、观点及表达目的不同，又分为鸟瞰图、人视图、轴测图、剖透视图、室内透视图等多种形式。

8）鸟瞰图

根据透视原理，从假设的高处某一点俯视建筑及其场地环境而绘制成的表现图，适合表达建筑整体布局与周边场地环境，也适合表达建筑群体之间的相互关系[2]（图 4-73）。

9）人视图

人与建筑位于同一平面的情况下人眼的观察，表达人眼所见的建筑及周边环境的表现图。人视图可以让观者以平常视角认识建筑空间尺度，通常选取能够同时看到两个立面的观察角度（图 4-74）。

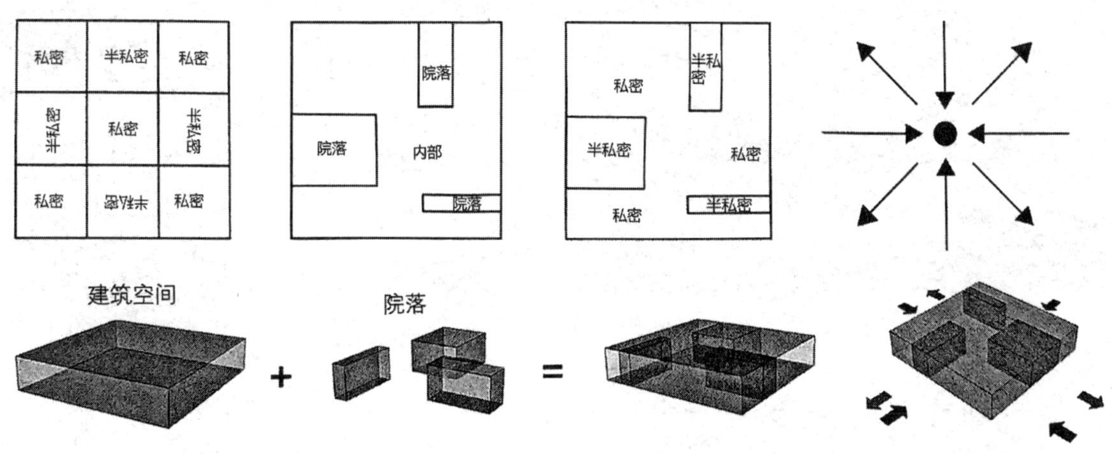

图 4-69　分析图

图 4-70　颐和园钢笔表现图

图 4-71　彩铅表现图

图 4-72　水彩渲染表现图

图 4-73　鸟瞰图

图 4-74　人视图

10）轴测图

轴测图能同时表达建筑的三个面，相对透视图而言，轴测图所生成的图像具有尺度精准、属性抽象的优势，提供了另一种适于设计图示和图解的选择（图 4-75）。

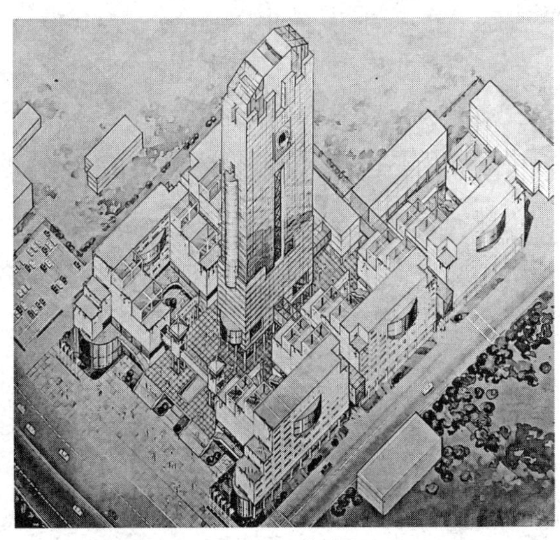

图 4-75　轴测图

11）剖透视图

剖透视图是在剖面基础上形成的透视图，其融合了技术图纸与空间模型，能够在二维的剖面中展示建筑空间的品质和空间内的活动。常采用一点透视法（图 4-76）。

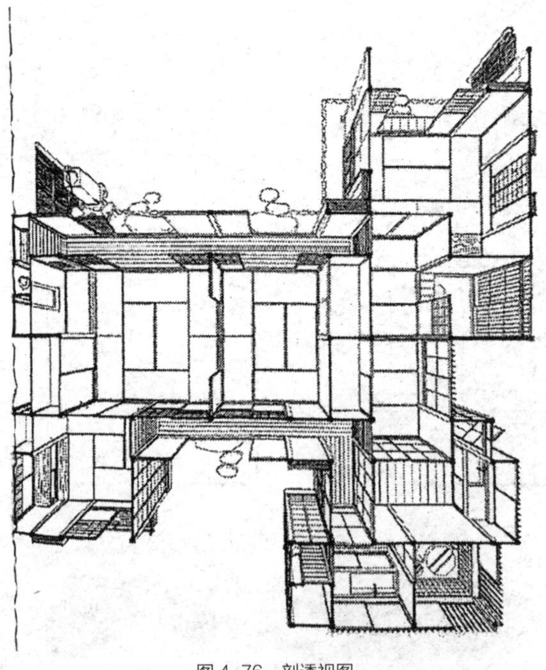

图 4-76　剖透视图

12）室内透视图

以人正常观察视角，对建筑室内代表性空间环境及发生活动进行表达的表现图（图 4-77）。

图 4-77　室内透视图

13）设计说明

图纸中的文字表达，通过文字对建筑设计意图、设计构思、设计特点、设计方法等进行深入概括和阐述，是对图形表达的补充。

14）经济技术指标

建设用地面积：是指项目用地红线范围内的土地面积，一般包括建筑区内的道路面积、绿地面积、建筑物所占面积、运动场地等。

总建筑面积：指在建设用地范围内单栋或多栋建筑物地面以上及地面以下各层建筑面积之总和。

建筑面积：指建筑物外墙（或外柱）外围以内水平投影面积之和，包括阳台、挑廊、地下室、室外楼梯等。

基底面积：建筑基底面积是指建筑物接触地面的自然层建筑外墙或结构外围水平投影面积（一层建筑面积）。

建筑密度：建筑物总基底面积与总用地面积的比率（用百分比表示）。

建筑容积率：系指建筑总面积与总用地面积的比值，例如：在 10000m^2 的建筑场地上，建有单楼层 5000m^2，共两层楼的建筑，则容积率为 100%，公式：容积率 = 总建筑面积 / 总用地面积。

绿化率：指项目规划建设用地范围内的绿化面积与规划建设用地面积之比。

4.5　练习与点评

4.5.1　练习题目：界面之限与材料之择

教学目的

（1）学习通过对界面的处理来丰富空间，并通过对空间设计的进一步深化来初步认识建筑设计的概念和内涵；

（2）认知空间界面与空间功能属性的关系，界面形式与建筑立面的关系，了解界面上开设不同洞口对空间所造成的影响；

（3）了解建筑材料的基本特性；建立建筑空间设计的材料意识；

（4）认识家具在空间中所起的作用及对人行为模式的影响；

（5）进一步理解设计的过程以及如何通过作业、反思和再作业的循环来发展设计，形成清晰的设计概念。

作业内容

以上一阶段完成的空间单元（6000mm×3000mm×2500mm，并附加 1000mm×3000mm×2500mm 的空间容积）为基础，深化设计生活空间。使之更好的满足舒适的居住环境的基本功能要求，具体功能需求见本书 3.6.1。

（1）对空间单元的界面进行具体化处理：赋予材质与肌理，设计门窗洞口等；

（2）在空间单元中添加一处界面，在不超出空间范围的情况下，界面尺寸自定、材质自定；

（3）将上一阶段所设计的家具体块转化为板片结构；

（4）制作实物模型，并依据模型，运用建筑语言来描述生活空间单元的设计——墙体、门窗和家等。

成果要求

（1）在概念模型的基础上，制作该生活空间单元具体的建筑模型，比例 1：20；模型重点要体现出空间界面，以及空间界面的不同组合方式；

（2）绘制该生活空间单元的平面图、立面图和剖面图；比例 1：50。平面图要表达出门、窗，墙体厚度及家具的平面形式；剖面图要表达出与材料相对应的空间结构形式及家具的立面（或剖面）形式；立面图要表达出建筑材质；

（3）绘制空间单元的分解轴测图，表达空间单元设计内部的空间组织和外部墙体开启设计之间的关系；

（4）绘制相应的设计分析图，如功能分区、交通流线、体量关系、视线分析、形式美规律分析等。

4.5.2 作业点评

作业 1 点评

该设计通过曲面与垂直面、垂直面与垂直面的相交，形成多种界面组合方式，进而产生多种 L 形转角空间，使空间内的不同区域体现出开放性与私密性；同时，界面的交集及限定也明晰了该空间区域的行为动线（图 4-78、图 4-79）。

需要注意的是入口处界面可以处理的更为明显，如延伸开放端的顶面，或者在顶面处加横梁等；也可以让入口处的垂直界面向内偏移，成为入口空间中的一个独立要素，把空间分成相分离又联系的两个地带，并引导人群在空间中的走向（图 4-80、图 4-81）。另外，还可以通过区别界面的色彩、明度或质感来划分空间（图 4-82）。

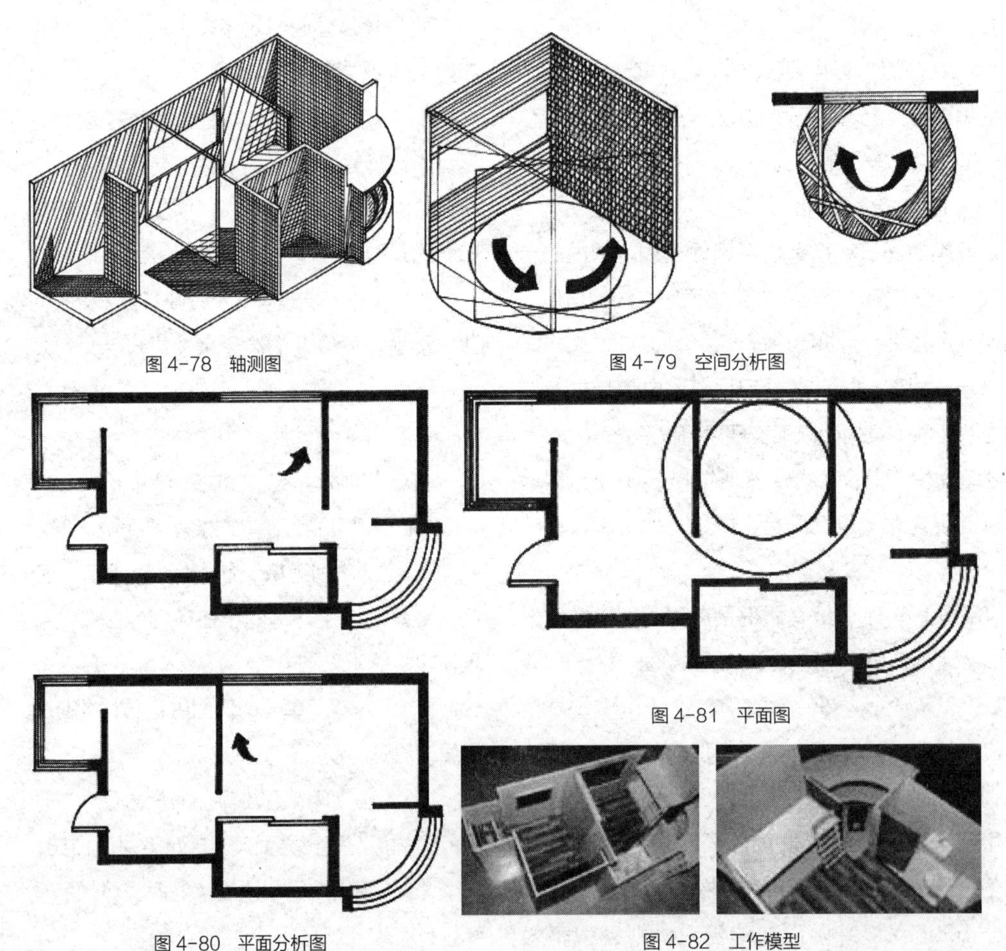

图 4-78 轴测图

图 4-79 空间分析图

图 4-80 平面分析图

图 4-81 平面图

图 4-82 工作模型

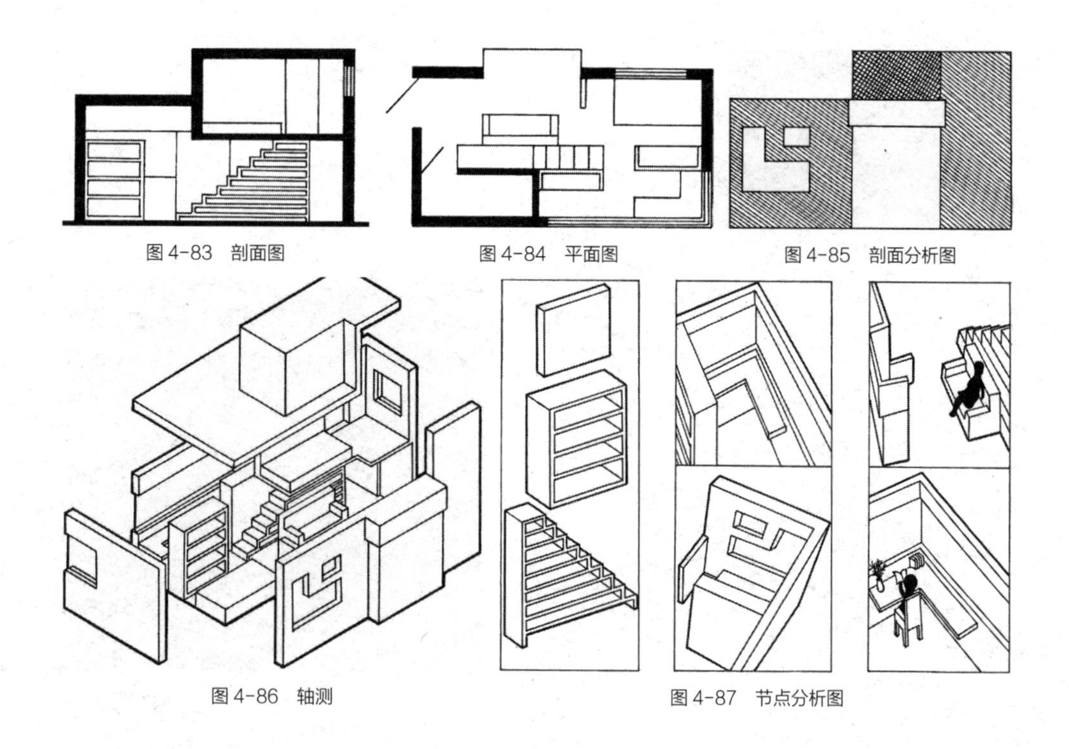

图 4-83　剖面图　　图 4-84　平面图　　图 4-85　剖面分析图

图 4-86　轴测　　图 4-87　节点分析图

作业 2 点评

如图 4-83 所示，该设计在给定的盒子中利用界面围合、划分出了一些空间区域。而在图 4-84、图 4-85 中，基面抬升使室内的空间高度发生变化，形成了垂直的面，限定了空间领域的界限。抬升的基面高于人的视线高度，将人所处的空间与外部空间分隔开来，打断了两个领域之间的视觉和空间的连续性，提供了强烈的围护感。抬升的基面所限定的区域也与地面分离，并与顶面一起组成了夹层空间，空间在竖向维度上发生变化；楼梯成为联系上下界面的关键要素。

又如图 4-86、图 4-87 轴测图中所示，两个平行的垂直面，在限定空间领域的同时，沿着两个面间的对称轴，可以形成强烈的运动性和方向感，使空间具备指向性。

本章参考文献

[1]（北宋）李诫．营造法式 [M]．赫长旭，兰海编，译．南京：江苏凤凰科学技术出版社，2017.

[2] 梁思成．清式营造法式则例 [M]．北京：清华大学出版社，2006.

[3]（美）罗杰・H. 克拉克（Roger H.Clark），（美）迈尔・波斯（Michael Pause）．世界建筑大师名作图析（第 3 版）[M]．汤纪敏，包志禹，译．北京：中国建筑工业出版社，2006.

[4] 彭一刚．中国古典园林分析 [M]．北京：中国建筑工业出版社，1986.

[5] 中国建筑学会．建筑设计资料集第 2 分册（第 3 版）[M]．北京：中国建筑工业出版社，2017.

[6]《建筑画》编辑部．中国建筑画选 1995[M]．北京：中国建筑工业出版社，1996.

[7] 黄居正，王小红．大师作品分析 3 日本现代建筑 [M]．北京：中国建筑工业出版社，2009.

建筑艺术的要素是墙和空间，光和影。

——勒·柯布西耶

Chapter5

第5章 Light and Shadow in Architectural Space 建筑空间的光影之术

柯布西耶能将“光和影”并列放置于“墙和空间”之后，这足以说明“光和影”在建筑设计中的地位与“墙和空间”旗鼓相当。在实际的空间体验中，相比界面空间，光和影对于建筑“艺术”的作用有过之而无不及。

5.1 建筑空间光影的基本问题

5.1.1 对光影的初步体验

我们以柯布西耶最著名的建筑之一萨伏伊别墅为例，通过模拟建筑空间中的光影来进行观察和初步体验。从图 5-1 能看到，建筑光影的产生是建筑实体要素对自然光产生遮挡，投影在地面或自身的界面上而形成的。

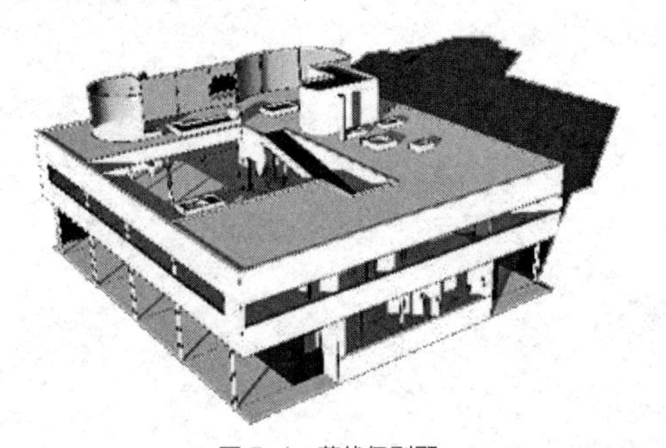

图 5-1 萨伏伊别墅

如此，如果建筑空间的实体界面形成层次感，在自然光线下，建筑空间就会产生丰富的光影变化。我们知道，随着太阳的转动，照在建筑与空间中的光线会发生角度的变化，这样，光影就使得建筑空间产生时间性的属性表现。也就是说，在自然光环境下的每时每刻，建筑的光影都是不一样的。如图 5-2 对萨伏伊别墅的光影变化的模拟，刚开始较为黑暗，随后光线逐渐开始变得强烈。光线越强，光影就越明确，但是过了临界值以后，在越来越亮的环境中，反而看不清更多细节。画面最终会变成一片光亮，什么都看不见。在这个过程里，每个人的心理感受也在变化，在明暗之间，总有一个范围是我们最能接受，或者说最喜欢的光环境。但是绝对的光明和绝对的黑暗一样，什么都看不见，不存在光影关系，就没办法去谈对光影的视知觉体验了。

光对于人类的意义毋庸置疑。可以说，人类对于光线的追求是与生俱来的，这是一种集体无意识，因为生命最初就是因为光的作用与参与才产生的，光同时也直接或间接地参与着生命的生长和能量获取，是生命存在的必选项。

光影在现实生活中的意义尤其重要。图 5-3 是哈尔滨市果戈里大街的一段街道空间，以不同季节和时间的光环境表现为例，通过两张照片对比可知，借助光影可以刻画出街道空间的形式、材质、肌理、色彩，甚至判断出时间、温度等信息。不一样氛围光影的画面，还能为人带来不一样的心理感受：或者是平和喜悦，或者是黯淡萧寂……每个人看到光影所形成的场景触发的情感是不一样的，就像是电影的用光一样，我们可以利用建筑和城市的光影变化，来塑造丰富的建筑空间氛围；或者说，建筑与城市的空间也正是处在不断变化的光影时空里，才会变得更加丰富，给人以多种的异样的空间体验，引发人的情感共鸣。

其实无论是上面的模拟实验，还是在现实生活中的体验，我们都能发现，空间与光影一样，是客观存在的，但又都不像实体那样可以清晰、确定地被感知到。但是，因为有光线的存在，空间界定、材质表现、氛围渲染，使空间性格的塑造上升到精神高度。这就涉及场所精神，也是前面所说的，建筑空间是有情感的，能满足人类对精神的需求。一座能打动人的建筑，往往是凭借其有意味的场所和物质呈现所外化出来的精神，而光影正是表达这样精神的有力表达语言。空间的光影表达，在一定程度上是精神性和艺术性的诠释，使建筑成为有思想性的生动的事物。

在前面章节中，我们讲到围合和塑造空间的手

图 5-2　柯布西耶 萨伏伊别墅光影由暗至亮的变化模拟

法，通过学习和训练，结合我们日常的观察和经验，同学们可以设计出满足基本居住、生活的简单空间。但仅仅这样还不够，因为人除了住、居以外，还要有审美的情感体验。建造的体量聚合与离散所产生的空间，可以满足建筑的功用，但是光影于空间所产生的作用，则可以赋予建筑以艺术的灵魂。

图 5-3　哈尔滨市果戈里大街不同时间的光影对比

5.1.2　对光影之美的思辨

关于光影对于空间的贡献，被称为“建筑师中的哲学家”的路易·康（Louis Isadore Kahn，以下简称康）也曾说过与柯布西耶类似的话，“设计空间就是设计光亮”“自然光从来不知道自己有多好，直到它遇到建筑为止”。这些话虽然有些绝对，像是建筑师个人的宣言，包含着康强烈的个人情感与风格，但可以看到，康非常重视光在建筑空间中的运用及其效果。这些思想深刻地反映在康的作品里，证明了光影和建筑空间的统一性与重要性，我们也因此可以从康的作品里感受到不一样的气场和哲学。

自然界的光和建筑的“复合”作用，通过种种变化，能让人的体验产生不同的情感共鸣。除了对建筑外部的形态“雕刻”投射之外，光还会以不同的方式穿过建筑的透明或者半透明的表皮，进入到内部空间。自然光在被建筑改变的同时，也以自身独特的语言塑造了空间的性格，形成各种不同的空间气氛。在图 5-4 所示的罗马万神庙中，如果没有明确的光影，我们看到的建筑剖面图纸只是反映了其量度、空间尺度、造型、细部等要素，而很难感受到空间的氛围，更谈不上深入的空间体验。图纸虽然精致又漂亮，但其图案化的意味更强烈，人无法感受到非常直接的空间映射。通过图 5-5 的剖轴测图，我们可以进一步了解到万神庙的空间组织、结构形态，但这只是物质空间的表达。从这两张图，我们能了解到万神庙的“形”，但很难体验到建筑可以给人身在其中的那种震撼。

图 5-4 罗马万神庙剖面图

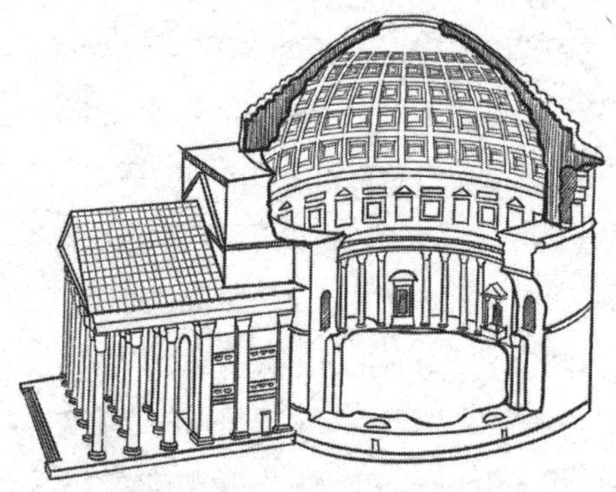

图 5-5 罗马万神庙剖轴测图

建筑离不开人的感知和体验。那么建筑的精神是如何与人的体验产生共通的呢?

因为有了光，建筑空间就一下子变得鲜活起来，开始被赋予生命。实际上，光影可以激活建筑，赋予其生命力和表现力，可以让人造的建筑与人的精神相通。建筑有了光影才能被感知，作用于人的心理。例如在图 5-6 中，光从万神庙顶部圆孔倾泻而下，光斑在穹顶上随着时间的流逝慢慢游移，人在这个空间驻足、观察，向上仰望，可以感受到时空作用的微妙，与神庙的精神产生共鸣。可以说光影在这个过程中起到“催化剂”和“连通器”的作用。

图 5-6 罗马万神庙光影

无论是大型建筑还是小型建筑，也无论是什么材料组合而成的建筑，要想使空间有更多意味，使人在其中发生更丰富的体验，就一定要考虑光与影的设计。此外，原本形态和层次已经十分丰富的空间，可能会由于过于统一的材质造成空间枯燥严肃，这时就需要用灵活变化的光影来柔化空间。

光影的活用，还可以有效地转换空间的情感体验，通过光线的组织和运用，可以如电影一般，实现严肃、大气、神圣的空间和温馨、小巧、世俗的生活场景的转换。在阴天不开灯的房间与天气晴好的明亮房间的内部，人的心境与行为会截然不同。光亮度、色彩、照射角度等因素对于空间的作用，会对人的心理产生非常直接且丰富的操控。

5.2 光与建筑空间的视知觉

空间具有物质性，同时空间通过光影对人的感知发生作用。光其实和实体物质如墙、板、柱，家具等可以形成界面的元素一样，可以界定和表现空间。如果再稍微深入思考一下就会发现，空间并非仅仅靠实体来围合限定，它是一种由对比和差异形成的“场”。墙体可以形成空间的对比和差异，同样，光束穿透黑暗空间一样可以产生对比和差异，形成明与暗的对比。光影同样可以作为空间划分和界定的媒介，甚至通过光影的丰富变化，可以让人对同一空间产生多种不同的体验。

实际生活中的建筑空间都是由实体和光共同作用形成的，光空间和实体空间叠合一起并相互加强，形成了交叉、连接、相套等关系，这些微妙的关系使空间更有意味。

5.2.1　光影的视觉感受

空间知觉是指对物体距离、形状、大小、方位等空间特性的知觉。

1）空间知觉简介

两个视网膜上的略有差异的映象，是观察物体空间关系的重要线索。它使人能在两维的视网膜刺激基础上，形成三维的空间映象。对物体不同部位的远近的感知称为立体视觉或深度知觉。深度知觉除了利用双眼的视差的线索外，还要利用其他的主客观线索。大小知觉是在深度知觉的基础上对不同远近的物体作出的大小判断。听觉空间知觉，在距离方面主要以声音强度为线索；而要判定声源的方位则必须依据双耳听觉线索，称为听觉空间定位。

2）视空间知觉简介

在视空间知觉的问题上，心理学家一直在探索下面两个问题：

（1）我们的视网膜是二维的，同时人又没有“距离感受器”，那么在二维空间的视网膜上如何形成三维的视觉，我们又通过哪些线索来把握客体与客体、客体与主体之间在位置、方向、距离上的各种空间关系呢？

（2）如果说视空间知觉的获得是由于双眼协调并用的结果，那么为什么在很多时候使用单眼仍然可以获得准确的空间知觉？根据已有资料，空间知觉需要依靠许多客观条件和机体内部条件或线索（cues）并综合有机体的已有视觉经验而达到。有时我们甚至无法意识到这些线索的作用。

视空间知觉的线索包括单眼线索和双眼线索。单眼线索主要强调视觉刺激本身的特点，双眼线索则强调双眼的协调活动所产生的反馈信息的作用。单眼线索强调视觉刺激本身的特点，包括对象的相对大小、遮挡、质地梯度、明亮和阴影、线条透视、空气透视、运动视差和眼睛的调节等线索。双眼线索强调双眼的协调活动所产生的反馈信息的作用，包括视轴辐合、双眼会聚以及双眼视差。

我们生活在一个光和阴影的世界里，光和阴影帮我们感知体积、强度、质感和形状，黑暗阴影仿佛后退，距离显得较远，明亮和高光部分则显得突出，距离较近。在绘画艺术中，运用明暗色调把远的部分画得较为灰暗，近的部分较为明亮，以形成远近的立体感。明亮和阴暗形成的亮度梯度是空间产生深度的关键。一些现代和当代建筑由于结构开敞和人工照明，空间相对缺失黑暗的部分，就缺少了一些明暗之间的微妙变化，导致一定程度的空间僵硬，从而丧失了实现更多空间深度感和弹性的可能。

在图 5-7 的音乐厅建筑中，因为立面有了光的作用，才让人感知到它的纵深感、材料甚至肌理。这是一个有厚度的立面，和那些没有阴影表现材质的立面截然不同。

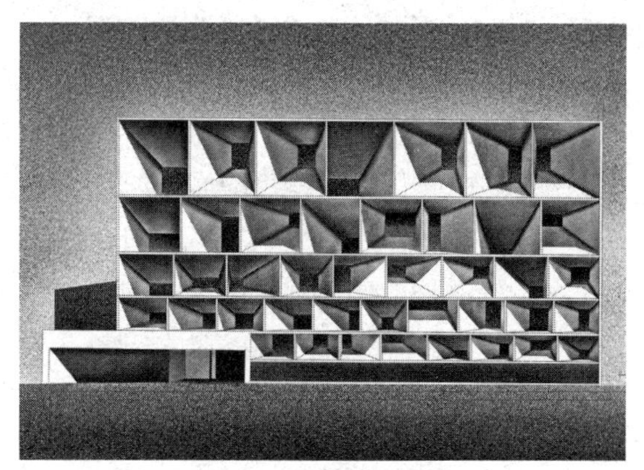

图 5-7　西班牙利昂市音乐厅

5.2.2　光与空间的密度

“空间密度”的概念最早由德国学者提出，空间密度由界面之间的距离和光线强弱来决定。界面间距离增大，或光线增强，空间的密度就减小；密度无限小时，就是“虚空”。界面间距离减小，或光线减弱，空间密度就不断增大；密度无限大时，称之为“实体”，虚空和实体就是空间密度的两极。

需要注意的是，这里所说的“空间密度”是视知觉层面的概念，该概念认为空间的特定性质是界面和光的强度来决定的，打破了以往以实体围合来定义空间的状况。这样的定义使人容易理解空间的流动性——如果空间具备密度，那就存在挤压、渗透，类似物理的压强。比如庭院与室内空间，庭院亮度大，空间密度就小于室内空间，因此人在不同空间中移动或者观赏庭院景致时，都会感觉到不同密度空间的流动关系。空间的动态使人兴奋和喜悦，这也就更好地使我们理解什么是空间的流动性——它在本质上是空间密度的变化，而不是表面上我们开一个洞口，或放一个玻璃窗那么简单。

5.2.3 光与空间关系

用光来创造空间关系的方法主要有以下几种：限定空间、连接空间、塑造空间序列、强化空间动态、创造视觉焦点。下面将从以上五点进行光与空间形态限定关系的详细论述。

1）限定空间

在建筑中可以用光来勾勒出空间的边界，留出一道光缝，通过空间轮廓的勾勒限定空间，这是很多建筑大师常用的手法。如图 5-8 所示，开窗暗示空间在边缘是有道缝隙的，这也表明了支撑结构的位置所在。

彼得•卒姆托就非常善于运用光影和材料。例如在瓦尔斯温泉浴场（图 5-9、图 5-10），他利用纵横两个方向的光线划分空间。从他的草图（图 5-11）就能看出，在设计之初他就已经想好了在哪里设置光缝，在哪里设置较大的空间。在整体幽暗的空间中，光缝很多，使得内部不至于完全黑暗，又提供了足够的交通照明和幽静的氛围。光线起起落落，通过这样的明暗变化，使得光环境体验非常有戏剧性。

图 5-8 伊东丰雄设计博物馆

图 5-9 瓦尔斯浴场

图 5-10 瓦尔斯浴场

图 5-11 瓦尔斯浴场设计草图

除了用光来限定出空间边界以外，还可以通过亮度对比或者差异来区分空间。现代主义建筑大师在自己的建筑作品中常用该手法。相比那些喜爱创造幽暗空间的建筑师，密斯更喜欢创造明亮但又具备丰富的流动性空间的建筑。在图 5-12 的巴塞罗那德国馆中，就借助明暗来限定空间，利用阳光投影、大屋顶和内部隔墙与采光面的开洞，使空间的密度疏密错落，即便是方正的平面，依然让在里面的人感觉到空间的灵活性。

2）连接空间

用光来连接空间的手法主要有利用相似的光沟通室内外和利用中介的光环境过渡。例如意大利建筑师伦佐·皮亚诺设计的木构建筑工作室（图 5-13），用半透明特氟龙材料引入自然光，柔化了室外与内部房间的光线过渡。

德国建筑师托马斯·赫尔佐格的设计同样出现大量的类似空间（图 5-14）。在其设计的汉诺威博览会 26 号展厅中，利用大面积的北向百叶天窗使光线折射到展馆室内屋顶上巨大的“反射板”，将光线引入更远的公共区域，为高大的展览空间提供均匀照明，同时也十分自然地连接了室内外空间。

3）塑造空间序列

光线可以被用于塑造空间序列，形成空间的开端与高潮。如安藤忠雄的水之教堂（图 5-15），在进入教堂的主空间之前，人们会在教堂里经过一个相对昏暗的压抑的空间，这部分前厅空间的光线压抑、内敛、模糊，是完全经过人工过滤得到的光线，而在进入主厅之后，人在此前的压抑完全被释放开来，人会看到原本作为室内外界定的墙面完全被开敞框景所取代，建筑的墙壁、屋顶和地面成为自然的框景。通常建筑室内外的沟通是通过门窗洞口来联系，但安藤忠雄将这样的联系最大化，人进入教堂内部后豁然开朗，得到最大化的释放感。而水面反射和倒射再次强化了这样的体验，真实与倒影的世界双重叠加，无疑将空间序列推向了最高潮。人在这样的空间光线的影响下不禁会被这样的空间序列和建筑艺术所感动。

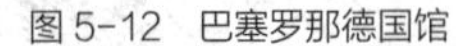

图 5-12　巴塞罗那德国馆

图 5-13　构建筑工作室

图 5-14　汉诺威博览会展厅

除了在不同的空间制造序列外，在同一空间里面同样可以利用光线达到制造序列的目的。如安藤忠雄设计的水之教堂连廊通道内（图 5-16），在同一空间制造光影过渡，但空间横向和纵向的秩序是不一样的，横向的间距一致，而纵向的开洞形成一种叠落的秩序，同时呼应室外土坡地形。

4）强化空间动态

光是强化空间动势的一种非常重要的元素。有时空间的功能受到约束而显得呆板，可以利用光的可塑性产生光形丰富的空间。如果原本空间动势感就强，则可以加强动态效果。

建筑师扎哈·哈迪德的建筑往往以动态的、非线性造型著称。有人把类似于这样的建筑称为解构主义建筑。不论扎哈、弗兰克·盖里还是蓝天组，这些被冠以解构主义建筑师头衔的建筑师们设计的建筑室内外空间除了强烈的风格之外，内部空

图 5-15 水之教堂

图 5-16 教堂走廊

间的动态和走势往往都结合了相应的光线组织，配合着建筑组件和室内外设计，体现出很强的空间动态，表现出内外形态与空间的统一性和连贯性（图 5-17）。

5）创造视觉焦点

利用光创造视觉焦点这一手法经常被使用，安藤忠雄的光之教堂是其中一个经典案例。他在一面尽端墙即布告台的位置开出一个十字架的光缝。室外效果如图 5-18 所示，而在内部看，其效果如图 5-19。这里不需要再悬挂十字架，因为光线本身就形成了一个十字，而且这个十字的空间延展与心灵震撼力已经远远超过了一般的实体十字。因此，对虚体的设计有时会形成比实体设计更具冲击力的效果。

图 5-17 德国园艺博览会展厅

图 5-18 光之教堂室外

图 5-19 光之教堂室内

5.2.4 光与空间性格

如何通过光来定位空间的性格，得到想要的空间体验？可以采用以下几种方法。

1）光影塑造崇高庄严

包括利用光线明暗对比突出视觉焦点，利用高窗或顶窗产生神圣庄严的空间氛围，或采用艳丽的色彩烘托超现实的空间氛围。但需要注意的是，在我们实际设计建筑时，需要考虑其功能性质、空间体量和尺度，住宅和商场的采光显然不能采用完全一致的设计定位和手法。

2）光影塑造自然清新

采用通透的材料，比如玻璃，引入自然光，或者采用灵秀的隔断形成朦胧柔和的光环境，这样形成的空间会给人宜居、舒适的体验，如图 5-20、图 5-21 所示。

3）光影塑造沉稳素寂

利用幽暗的光创造封闭内敛的空间（图 5-22），或利用抽象幽暗的光作为超现实的提示（图 5-23），又或是利用漫射微光形成幽静恬淡的人性化空间氛围（图 5-24），这些都有助于形成静谧、沉寂的空间。

图 5-20　ELLSINOR 精神病诊所

图 5-21　礼拜堂光明寺

图 5-22　风之丘葬祭场

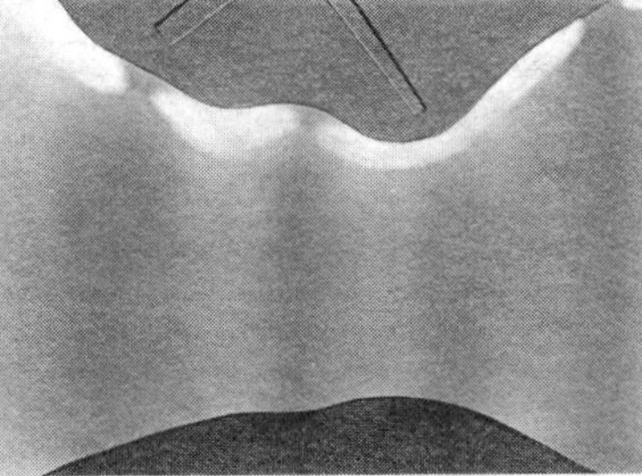

图 5-23　巴塞罗那当代艺术博物馆

图 5-24　卢浮宫 16 号厅

要想塑造宁静与平和的空间氛围，通常需要采用均匀的、反射率、亮度、色相也较接近的界面材质（图 5-25 ~ 图 5-27）。采用的手法包括通过间接的入射光形成室内的均匀扩散光、通过多层表皮维护弱化直射光、通过规则明确平稳的光体现安宁平稳的气场等。

4）光影塑造明朗活跃

可以利用构件形成分散跳跃的光形（图 5-28），或利用阴影接受面变化产生生动的物影（图 5-29）、利用物质变化和构件反射丰富光的层次（图 5-30）等。

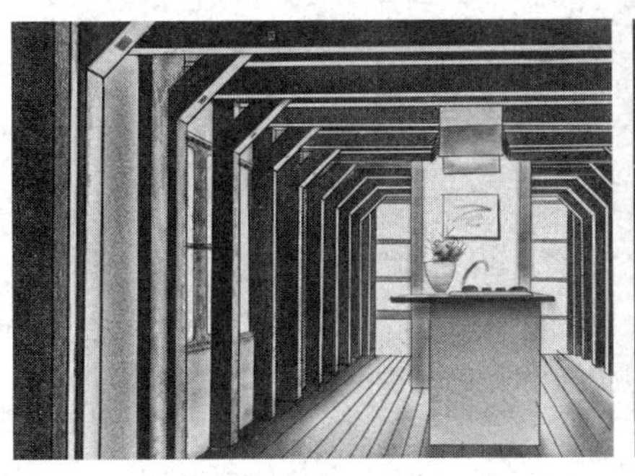

图 5-25　木构建筑室内

图 5-26　室内光

图 5-27　伊东丰雄设计的博物馆

图 5-28 Water Temple TADAO ANDO

图 5-29 利昂音乐厅

图 5-30 柏林国会大厦

5.2.5 光影与材料

光影与材料的关系，有很多专门研究的专著，对建筑设计中如何使用材料的策略有很多研究，在这其中一定避不开光影。本章仅进行简要说明，为以后的学习奠定基础。

材料的受光特性主要包含反射（定向反射、定向漫反射以及均匀漫反射）、透视（定向透射、定向漫透射以及均匀漫透射）、混合反射和透射等。

适当利用光可以有效表现并强化材料特性，如玻璃的通透与轻盈、金属的光泽与质感、木材的温润与纹理、水的透彻与动态、混凝土的厚重与素雅、砖石的工艺与图案等。

除此之外，通过材料的加工工艺或创新性的使用方法，还能得到材料新的光学特性，例如通过表现并强化材料的本性，或者改变材料的形状、厚度或表面质感以产生特殊光效等。如图 5-31 所示，其表皮界面采用薄板大理石，原本厚板大理石是不透光的，但是当它被处理成很薄的板材，原本不透光的材料变成了半透光材料，光照虽在外部，但我们在内部依旧能看到大理石的天然肌理，这就是开发材料潜力的一种做法，在观感上也增加了许多可读性。

图 5-31 魏斯豪普特集会厅

5.3　建筑空间的光影表达

通过前面的介绍，我们知道，运用光影，可以让空间更加生动，并形成丰富的心理感受。而光影在界面上的投射和呈现，会形成特定时间点上的几何形态，我们将这种光影在界面上的形态呈现，称之为“光形”。

那么如何用光影和光形来表达空间的设计意图呢？一般可以从点、线、面、落影、剪影、肌理等方面展开设计。

5.3.1　点

我们常利用开孔洞形成光形。最典型的案例就是柯布西耶的朗香教堂（图 5-32），他在外立面上开了很多不规则的孔洞，对应到室内都是向内扩散的锥形的孔洞，随着每天太阳高度角和方位角的变化，创造了庄严和神秘的空间体验。再例如伊东丰雄设计的一个连廊（图 5-33），用圆形光斑和饰板组成的空间，既有圆形的实体界面，又有光影的圆形光斑。虽然其做法和生成规则很简单，但效果却非常丰富，随着光影移动，空间的光感也千变万化。图 5-34 是日本的朝日广播大楼，点光源形成轻松温和的空间氛围，儿童在内部也能产生安全感和自在感。

除了开孔洞形成光形，也可以利用突出物或实体形成影子。例如在图 5-35 的法国亨利奇利亚尼的“一战”纪念馆中，外表皮采用了突出构件阵列的设计手法，在光的照射下，墙上形成相应的投影阵列，离远看像是一个一个弹孔，离近看又好像战争带来的突出的伤疤，表达了建筑的主题。

图 5-32　朗香教堂室内

图 5-33　Pranner 拱廊

图 5-34　朝日广播大楼

图 5-35　“一战”纪念馆图

图 5-36　魏斯豪普特集会厅

图 5-37　黑川纪章设计的花丘博物馆

5.3.2　线

在空间中利用水平线的光形通常用来表达开阔、沉稳感，具有较强的延伸感（图 5-36、图 5-37）。竖直的带形窗则能够产生垂直的线状光形，与水平状光形不同的是，垂直的线状光形能够引导人的视觉向上，产生大进深的光照，让光线达到建筑深处，产生高耸、明亮和放大空间的效果（图 5-38、图 5-39）。

斜线的方向感更灵活，向上的发散给人奋发、挑战和积极的体验，向下扩散则让人产生俯冲想要仰望的暗示（图 5-40）。曲线的流动性比直线大很多（图 5-41），自由曲线比集合曲线更加灵活，集合曲线展示的往往是理智而柔和的美，通常是对称分布，稳定而富于变化。

另外，还有一种特殊的光线形式——光缝，这是线光形的一种建构手法。缝隙的侧壁对光线的多次反射形成了衍射的效果，洞口的室外边界界面产生了模糊的光形。因为光一定产生于空的部分，会提示元素之间的关系，因此光缝往往被建筑师用来强调建筑的结构逻辑，如安藤就用光缝来强调元素之间的单纯性和独立性（图 5-42、图 5-43）。

图 5-38　KPF 设计的办公楼

图 5-39　KPF 设计的办公楼

图 5-40　瑞士航空公司总部大楼

图 5-41　艾弗利天主教堂

图 5-42　拉图雷特修道院

图 5-43　canal + 总部

5.3.3　面

如果光的入口面积足够大，形成占有较大比例的光线通道，光线就不再是点缀作用，而是成为主要的采光凭借以及一个界面的主体。例如卡拉特拉瓦设计的一个航站楼（图 5-44），大面积的开窗和地面的反射相映成趣，原本只是用来采光的大面积高窗得到一种灵活的变化，使空间更具动感，也呼应了航站楼和飞机飞行的主题。

通过实体界面的开洞形式，可以为空间带来更清晰的逻辑呈现，同时对于面积较大的面光源也可以采用线的划分来适应人的尺度感，让开窗更有形式感和阅读趣味。

图 5-44 卡拉特拉瓦设计的一个航站楼

5.3.4 落影

自然光和人工光如果在传导过程中被遮光物遮挡，会在界面上形成落影，界面成为图底关系中的底，而落影成为图底关系中的图，人在这样的空间中会有独特的体验感。例如在诺曼·福斯特设计的大英博物馆屋顶加建工程中（图 5-45），落影成为整个屋顶及空间设计的点睛之笔。单层网壳玻璃屋顶的设置，使室内外空间得到一体化的过渡。地面的投影又和屋顶的实体连贯一体形成一个大的穹窿，显示出博物馆的包容性格。巧妙的结构也使空间投影的装饰性更显精巧。

图 5-45 大英博物馆

在图 5-46 的实例中，竖向和顶界面的投影同样在地面连贯展开，空间的关系转换为地面的图案关系；空间的序列也和地面的光影序列有了对应，上下呼应起来，使空间的透视感得到双重加强。

图 5-46 美国世贸中心

5.3.5 剪影

在漫射光环境或强光下，在透明的界面上利用分隔物的图案形成遮光效果即为剪影。在光影与空间设计时可借助此原理利用门窗的图案形成剪影效果。例如法国建筑师让·努维尔设计的阿拉伯文化中心（图 5-47），为了传承阿拉伯文化的符号，让·努维尔用装饰感和符号性很强的机械可变开合装置作为建筑的采光表皮，利用不同的开合度调节进光量。一方面室内的剪影实现了类似传统阿拉伯室内装饰的效果，另一方面室内的光线与光影氛围也依据人的需要进行调节，实现了动态可控。

图 5-47 阿拉伯世界文化中心室内窗

5.3.6 肌理

利用光影可形成丰富的肌理体验感，下面将从三个例子解析其具体手法：

（1）幻化的肌理

东京 Prada 旗舰店（图 5-48）通过蜂窝外表框架支撑出“水晶盒子”，个别的菱形块内是向外突出的玻璃（图 5-49），使室内产生局部扭曲产生幻化的效果。

图 5-48 东京 Parda 旗舰店

图 5-49 东京 Prada 旗舰店

（2）倒影

“Mon Amour”文化空间（图 5-50）借助水面倒影、立面抛光的表面以及金属、大理石等材料形成对光线和影像的映射与透射甚至是混合效果，形成别样的空间体验感。

（3）渐变的光影

意大利都灵当代艺术博物馆（图 5-51）采用了光缝的建构手法。光缝保证博物馆内部有足够的完整内墙面作为展示空间，同时使得人在观赏距离内，既有足够光亮又不会产生眩光。又因为表面肌理粗糙的内墙有漫反射效果，博物馆的墙面在光缝作用下就会形成退晕一样的肌理质感，使人有着丰富的空间体验。

图 5-50 “Mon Amour”文化空间

图 5-51 意大利都灵当代艺术博物馆

以上讲解的是一些基本的设计手法，在实际应用中可能会有很多变体及组合方式，需要依据实际情况及创意设计出具有自己独特风格的光影空间效果。

做设计时，要用有控制的、明确的法则或者逻辑来控制设计，过多的手法有可能导致事倍功半，会产生新的设计问题与矛盾。如何优化设计，并同步整合处理好界面、空间和光影的关系尤显重要，不能顾此失彼，这需要同学们在设计实践中不断摸索，不断训练和试验。

一个成熟的建筑师，在设计之初就会设想，建筑在使用时的种种空间体验与人在里面发生的行为。我们在仔细“阅读”分析一个建筑的时候，同样可以感受到建筑师在设计时的种种思考和预判，感受他留在建筑里面思想的印记。

学习建筑设计，就像学习一门语言，要通过建筑的语言把自身的思想和更丰富的情感传达给别人。这就像在创作一个故事，若想让其他人了解，就要用其他人能理解的语言讲述。比如前两章讲解的空间、界面，以及本章的光影。当掌握了这些基本的语言之后，就可以组织出关于建筑的“句子、章节甚至是一篇叙事”。

5.4　案例分析

5.4.1　图尔加诺住宅（TUREGANO HOUSE）

建筑师：阿尔伯托・坎波・巴埃萨（ALBERTO CAMPO BAEZA）

项目地点：西班牙 马德里

建成时间：1988 年

图尔加诺住宅（图 5-52 ~ 图 5-54）是建筑大师阿尔伯托・坎波・巴埃萨的早期作品。项目位于西班牙马德里波祖罗小镇一个小山坡的半山腰。建筑师以极其理性的方法将一个 10m × 10m 的方盒子进行九宫格划分，整个建筑的空间设计可以看作是严格按照九宫格控制线对一个正方体空间的功能拼接和组合。而立面窗的设置更是严格按照九宫格进行规则的布置。在图尔加诺住宅中，空间的开启与闭合控制着光线的传播路径。光线穿过餐厅直抵起居室，由此将建筑的公共空间串接为一个整体。巴埃萨用光暗示了房间之间的关系，正是在这关系之中，房间得以呈现。

图 5-52　图尔加诺住宅

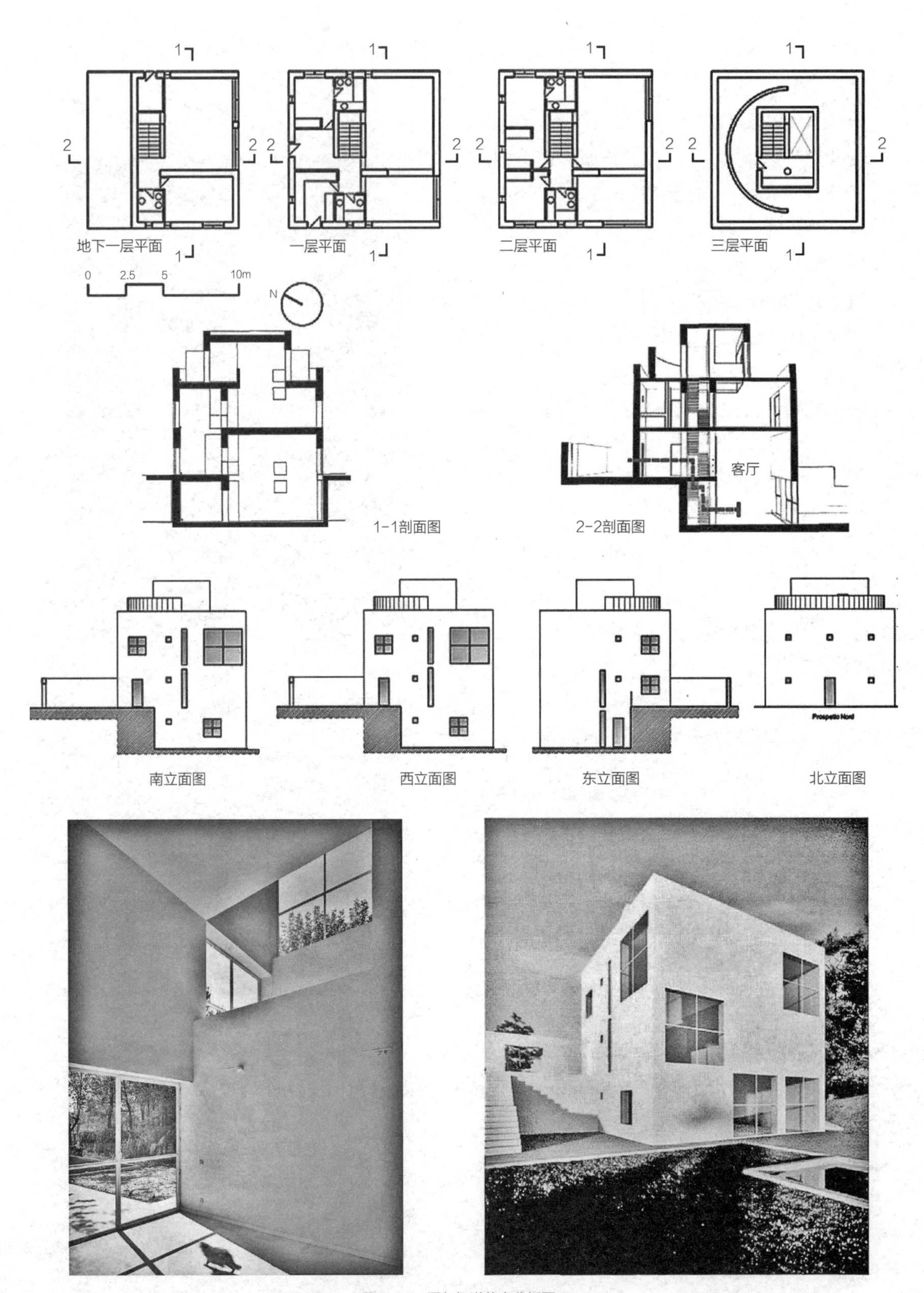

图 5-53　图尔加诺住宅分析图 1

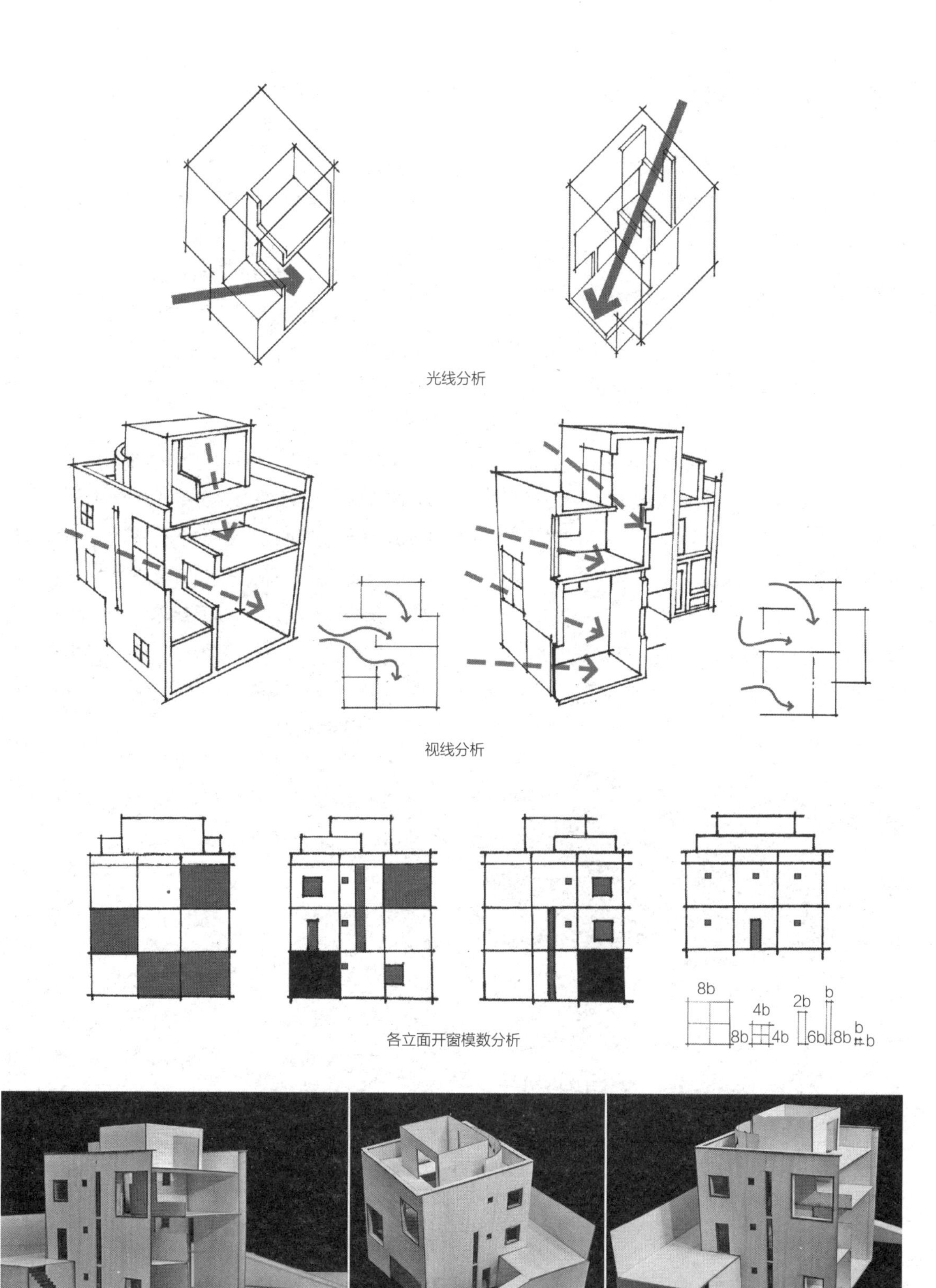

图 5-54　图尔加诺住宅分析图 2

5.4.2 海边图书馆

建筑师：直向建筑（VECTOR ARCHITECTS）
项目地点：中国 南戴河
建成时间：2015 年

直向建筑设计的三联书店海边公益图书馆（图 5-55 ~ 图 5-57）位于沿中国渤海湾海岸线上。该设计的主要理念在于探索空间的界限、身体的活动、光氛围的变化、空气的流通以及海洋的景致之间共存关系。设计是从剖面开始，图书馆由一个主要的阅读空间、一个冥想空间、一个活动室和一个小的水吧休息空间构成。依据每个空间功能需求的不同，来设定空间和海的具体关系，并定义光和风进入空间的方式。

图 5-55 海边图书馆

5.5 技能与方法：工具制图

5.5.1 手绘建筑制图工具与绘图步骤

1）常用制图工具

正式的设计图纸，必须是用尺规制作而成的墨线线条图。在方案构思和推敲阶段，草图绘制可用铅笔、可墨线，可尺规、可徒手，重点在于对设计方案的快速构思和表达。

建筑制图的主要工具有：图板；绘图用尺，包括丁字尺、一字尺、三角板、平行尺、比例尺等；绘图用笔，包括铅笔、墨线笔、绘图笔、用于图纸表达的马克笔、彩铅等；绘图用纸，包括草图纸、硫酸纸、卡纸、绘图纸等（图 5-58）。

辅助工具有固定图纸用的胶带或图钉；擦图用的橡皮、擦图片；绘图墨水；铅笔刀；还有制图用的其他仪器，如：圆规、分规、量角器、曲线板等 [1]。

图板是用来固定图纸及配合绘图用尺进行制图的平面工具。常用的图板规格有 0 号、1 号和 2 号。丁字尺可配合绘图板使用绘制水平线。三角板可与丁字尺配合使用绘制垂直线和特殊角度，两块三角板配合使用也可绘制平行线或垂直线（图 5-59）。平行尺可用于平行线的绘制。比例尺可用于绘图时换算比例，常用比例尺呈三棱柱状，三个棱面上刻有六种常用比例刻度。

2）绘图步骤（图 5-60）

第一步，准备制图工具，将图纸横平竖直地固定于图板上。绘制图框，做好排版布局。

第二步，进行底稿绘制。用较硬铅笔画轴线或中心线，其次画图形的主要轮廓线，然后画细部，线条应轻而明确，相交时可以交叉、出头。

第三步，加深底稿，进行墨线绘制。由浅到深地加重，先画可见线、尺寸线和轴线等细线，在此基础上加粗中粗线，再加重粗线。粗线可尽量往线内侧加粗，以便由线外皮控制尺寸，三种线的粗细既有区别，又彼此匹配 [1]。

最后，标注字、尺寸、标高及其他标识符号，写图名、比例及图纸标题。方案设计的平面图、立面图还可配置数目等配景来衬托和体现建筑周边环境 [1]。

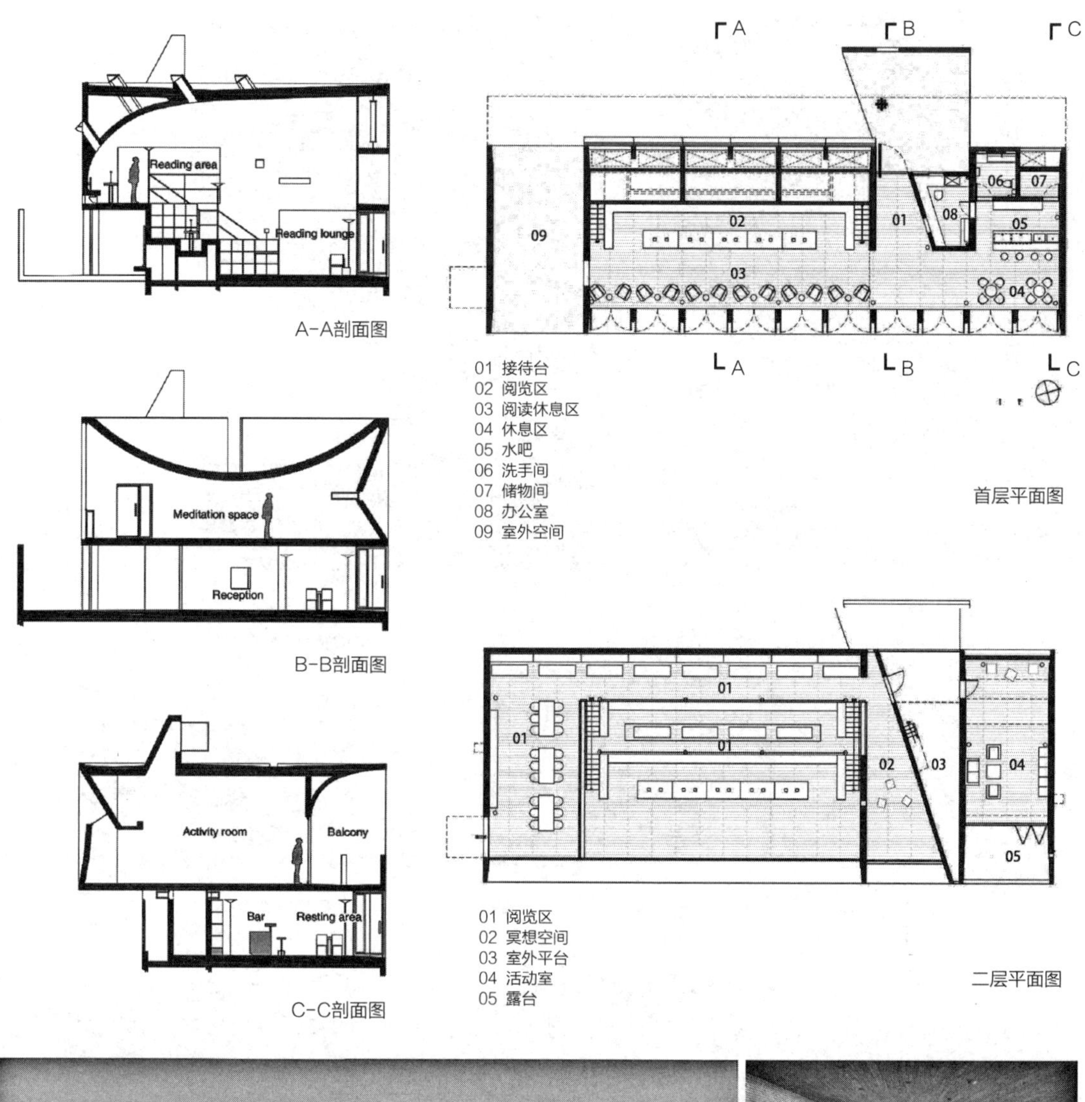

图 5-56　海边图书馆分析图 1

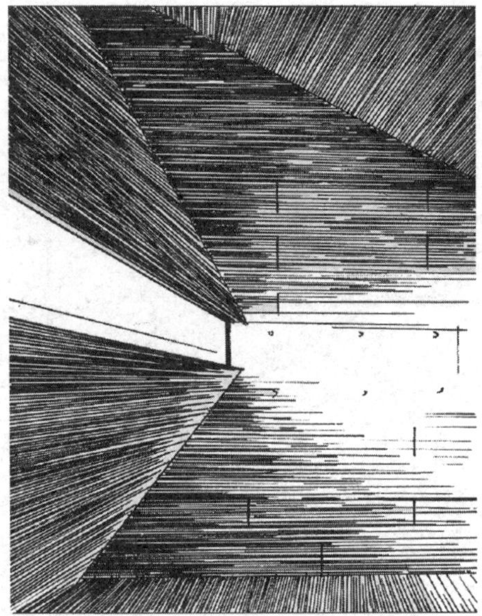

光影效果手绘图

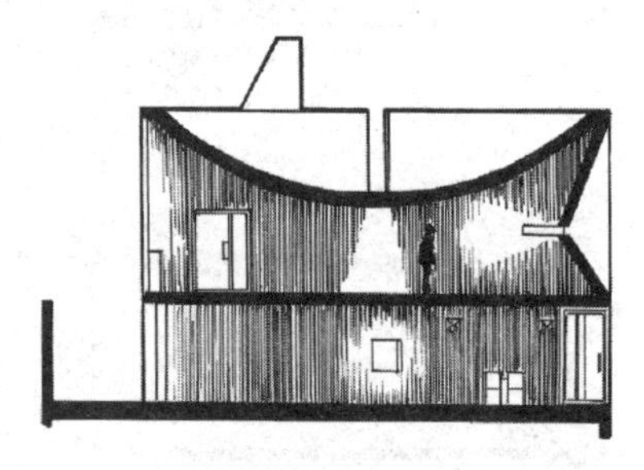

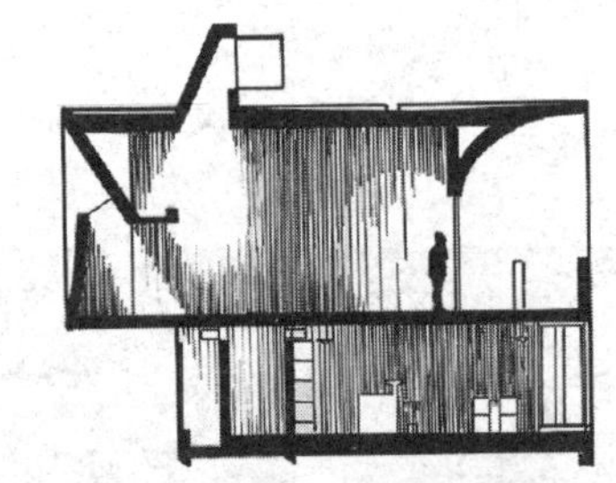

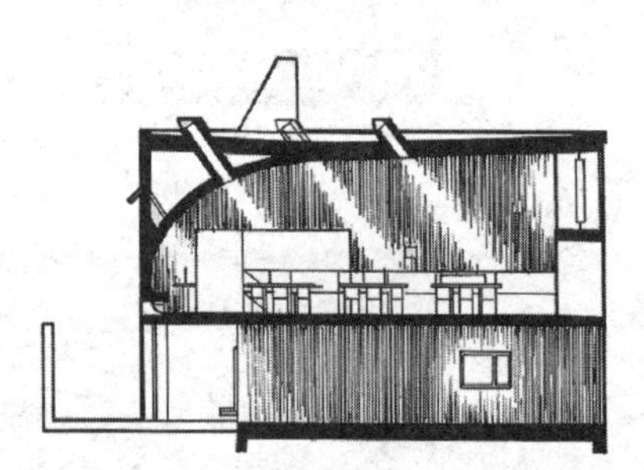

从不同剖面来看，建筑在不同位置开设的天窗与侧窗在建筑中形成了不同的光影效果。

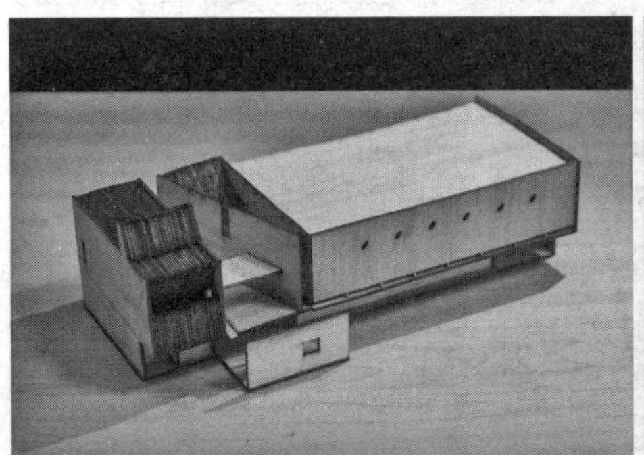

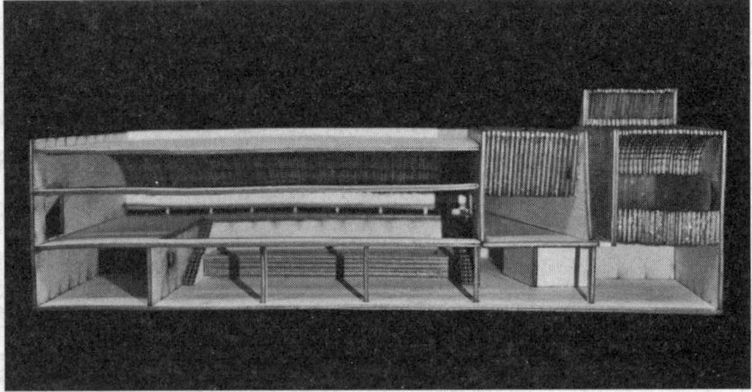

图 5-57 海边图书馆分析图 2

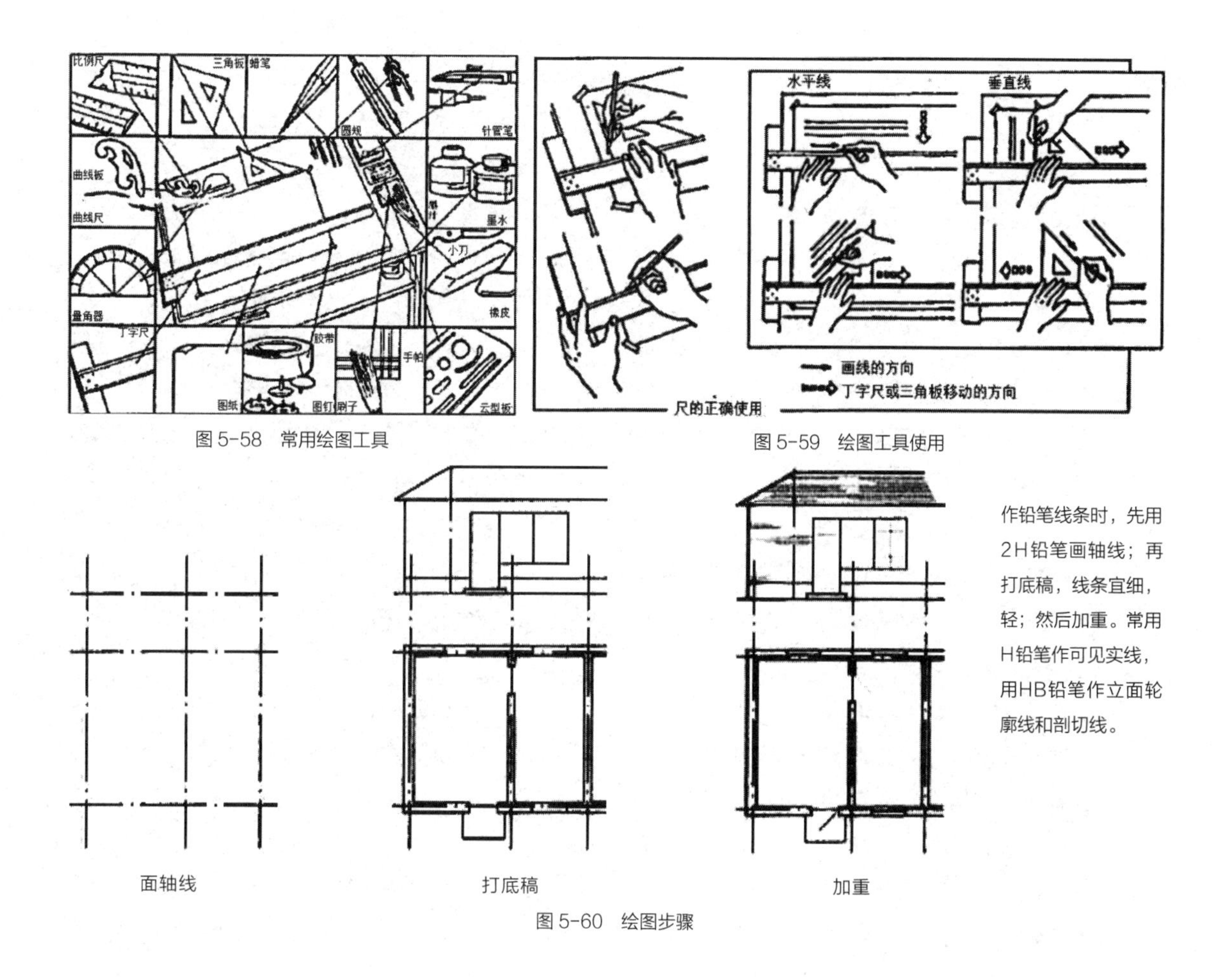

图 5-58　常用绘图工具

图 5-59　绘图工具使用

作铅笔线条时，先用2H铅笔画轴线；再打底稿，线条宜细，轻；然后加重。常用H铅笔作可见实线，用HB铅笔作立面轮廓线和剖切线。

面轴线　　打底稿　　加重

图 5-60　绘图步骤

5.5.2　计算机辅助建筑设计

计算机辅助设计能够通过三维形式与空间的构建来表达建筑内外部环境，其改变和拓展了建筑设计的空间化思维以及传统设计的过程和结果。计算机技术下复杂建筑形式的建构也极大丰富了建筑设计的内容。计算机三维模型对建筑形体、空间、结构、细部等的直观展现，对建筑环境的全面模拟，使平面图纸无法直观反映的内容得以真实呈现，使错综复杂的建筑设计问题得到合理的解决[2]。

设计过程由不同的设计阶段组成，计算机辅助建筑设计可根据不同情况在不同阶段进行，即可覆盖全过程，甚至草图绘制，也可在设计初期或中期以纸笔进行设计，在中后段辅之以计算机软件。

建筑设计中常用的计算机辅助软件有 AutoCAD、SketchUp、Rhinocreos、Revit、Photoshop 等。AutoCAD 是绘制平立剖面图等二维图形的主力工具，绘制施工图是其重要功能，也具有基本三维设计功能。SketchUp、Rhinocreos、Revit 是三维建模的常用软件。SketchUp 是面向设计过程的三维设计软件，易于操作和修改，有助于从三维角度进行方案推敲和深入。Rhinocreos 在参数化设计方面功能强大，Revit 更适合用于施工图阶段[2]，便于建筑、结构、水暖等多专业的三维协同设计。Photoshop 等软件主要用于建筑图像后期处理，包括图像布局、效果调整、图纸打印输出等功能。

5.6 练习与点评

5.6.1 练习题目：光影之术

教学目的

（1）建立建筑形式、空间与光影之间的对应体验联系；通过对空间抽象、总结、设计到制作的全过程，建立起建筑计的空间意识与形式、材料的概念联系，完成从建筑体块到四维空间的体验；

（2）建立材料与构造的概念和逻辑通过动手操作体会建筑形体与时间对空间与形式的影响，引导学生在形式层面对建筑进行积极主动的思考，培养学生全面认识建筑设计的概念和内涵；

（3）培养动手能力与创新能力。通过课程设计与模型制作，发挥学生的想象力主观能动性，培养和建立学生的创新能力。

作业内容

（1）每组（3人）同学将各自的（6000 mm × 3000 mm × 2500 mm及附加空间）建筑方案模型分别在不同时间、不同角度光线照射下（4种以上）室内外效果拍照，模型要求比例1：8，衬在1000 mm × 700 mm雪弗板上；

（2）根据现有的模型，优化设计建筑空间的光影关系，将各自不同角度、不同时间的效果（4种以上）表现成150mm × 100mm范围的透视图（钢笔或彩铅）；

（3）模型制作的主要材料自定，固定和连接材料可使用螺丝、乳白胶等。

成果要求

（1）每组同学提交一个建筑模型的实体模型，比例1：8；

（2）每位同学提交一份建筑模型光影关系的图纸文件，包括：平立剖面图（1：50），4种以上的不同角度、不同时段的光影表现图及不同光线照射下的实体模型（内外）照片等；

（3）每位学生提交一份实验报告、日志等文件。

5.6.2 作业点评

1）作业1点评

该生作业整体建筑由一个大体块与两个小体块错落穿插而构成。住宅重心着落于客厅，顶界面下沉形成光井，光线介入形成明暗交织的室内空间。外部造型简洁，但光影效果给人强烈冲击力。相比之下内部空间变化较少，建议在建筑内部也营造出体积感来提升光的利用。

如图5-61、图5-62所示，根据室内外空间分析，不同角落的光影处理使得建筑内外视觉表现加强。墙面凹凸处理使得墙面产生变化复杂的阴影，丰富立面。室内空间则围绕中央天井布局展开，光线介入使得建筑内部更加通透，也最大限度为室内引入天然采光。

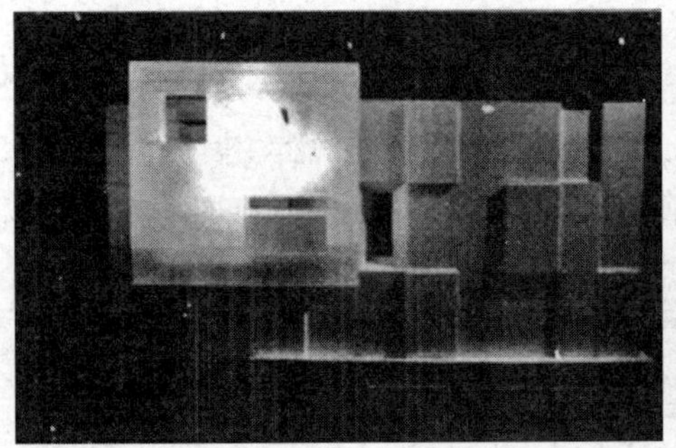

图5-61　模型照片

如图 5-63、图 5-64 所示，建筑体量与光共同作用营造出复杂的光影效果。建筑外部凹凸起伏的混凝土墙在阳光下将生成错落有致的阴影，为整个建筑外立面进一步加深体积感并丰富视觉效果；建筑内部则由窗洞和内部的设置与光共同作用来烘托出室内空间的视觉氛围。

2）作业 2 点评

该生方案由不同的矩形体块多种角度组合而成。其中不同体量虚实结合，紧密地集中围绕中心玻璃柱体布置，使整个建筑体量错落有致，同时在建筑内部产生良好的光影效果。

图 5-62　室内透视图

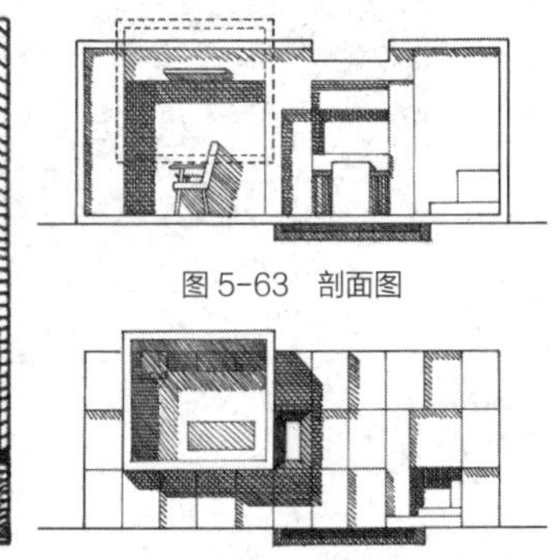

图 5-63　剖面图

图 5-64　立面图

如图 5-65 所示，根据建筑室内光影表现，立面开窗对建筑内部光影变化产生影响。该生设计三条实体表面在室内投射产生韵律，使得内部空间整体更加活泼。这种塑造方式使建筑外表面生动形象，内部也充满趣味性。

在建筑立面表现方面，该建筑立面虚实结合，条形开窗方式使得建筑内部形成富有韵律的光影效果同时使得建筑形象变化丰富，视觉效果较好。体块的组合变化也错落有致，建筑形象更加丰满（图 5-66）。

图 5-65　光影效果图

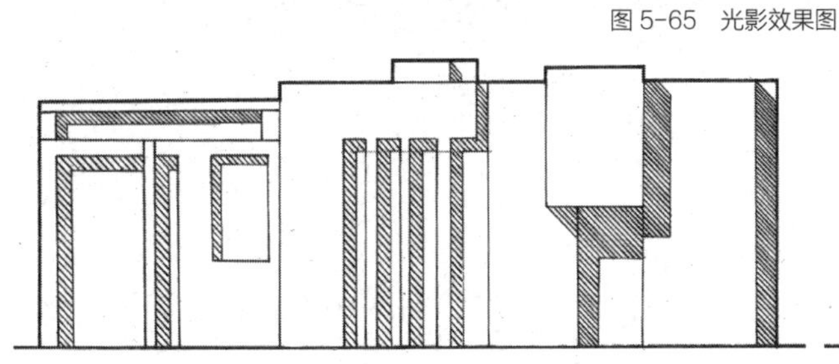

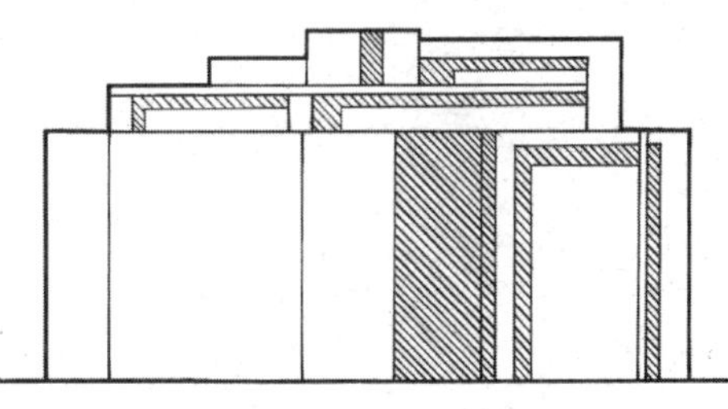

图 5-66　立面图

如图 5-67 所示，该生工作模型较完整细致，充分体现出体块穿插的体量感，室内墙体及家具布置，形成良好的光影效果。给人以韵律感及充分的视觉感受。总体上，该方案形体均衡，错落有致，给使用者良好的视觉体验；功能上较合理，在空间及精神上满足使用者的需求。

图 5-67 模型照片

本章参考文献

[1]田学哲，郭逊. 建筑初步[M]. 北京：中国建筑工业出版社，2010.

[2]孙澄. 建筑参数化设计[M]. 北京：中国建筑工业出版社，2020.

Chapter 6

第6章 建筑空间的体块组合

Shape and Block Combination of Architectural Space

本章所提到的空间组合，指的是从视觉造型的角度出发，探讨基本体块与对应的形体空间之间的组合方式与规律。对绝大多数的建筑来说，无论其体形简单或复杂，都能将整体拆分成一些基本的几何形体组合而成，并可以归纳为单一体形和组合体形两大类。课程的设计要求是将几个不同尺度的长方体体块进行组合设计，并充分理解如何在指定的建筑场地中探索建筑基本体块之间的组合规律。体块之间有着怎样的组合方式？建筑空间与场地之间的关系是什么样的？本章将结合实例进行逐一解析。

6.1 体块之间组合方式

6.1.1 融合式

融合式指的是两个或多个体块通过融合的方式生成新的体块体量。根据融合部分大小可以生成不同体量的新体块，是在日常生活中较为常见的基本建筑组合形式。例如很多商业、办公、教学建筑，为了减小体形系数和满足采光朝向要求，均采用竖向空间体块融合的方式构筑建筑。横向布置的体块，则通过基本体块形式的不同来创造丰富的视觉效果，形成韵律。

以 ABIRO 事务所设计的格罗斯普列镇图书馆新馆为例。新建筑被设计成了一个独立的馆式建筑，与翻新的老建筑相连，并分担了部分功能。新老建筑之间的连接空间形成了一个为图书馆使用者设计的广场，可以举办小型的室外活动（图 6-1）。新建筑的精髓在于，突出的竖向结构不对称地穿过新建筑的侧立面。由此，在新的图书馆室内就可以看到中央的城市空间，反过来，人们也能看到图书馆内所发生的事情。该案例展现了通过对相同形式的体块融合并置从而产生了独特的视觉效果与艺术特征（图 6-2）。这种融合的手法不仅可以在形体上产生变化，在建筑内部也可以实现空间上的变化，营造出空间的流动感。

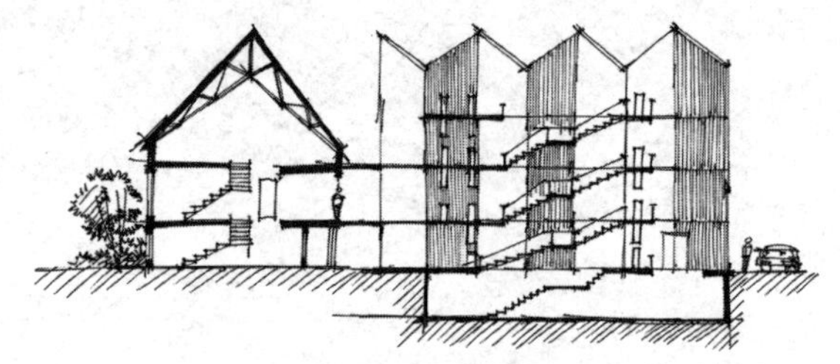

图 6-1　格罗斯普列镇图书馆新馆剖面图

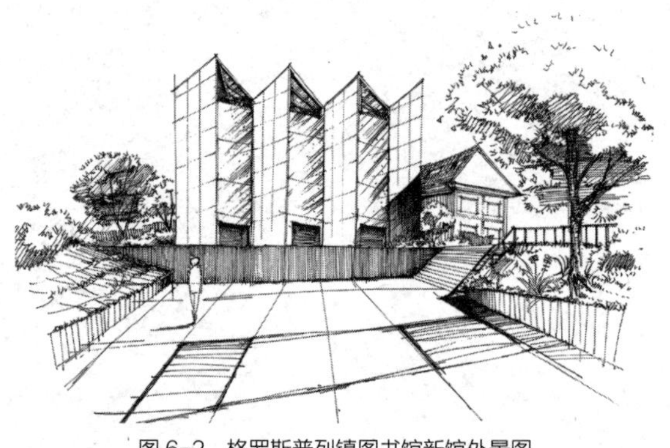

图 6-2　格罗斯普列镇图书馆新馆外景图

6.1.2 退台式

退台式指的是由两个或多个体块通过相互错动的方式生成新的体块体量。退台的体量组合形式使其极具视觉特色，形成丰富的层次感和空间自由感，也是一种常见的体块组合方式。

以网龙公司新总部的员工宿舍（图 6-3、图 6-4）为例，基地位于距海边不远的一片未开发的处女地，没有明确的边界。设计师希望通过创造一种内向的、相对独立的“集体公社”的方式，来形成强烈的社区意识。3 个形似客家土楼的合院状建筑以不同的角度被布置在基地上，共同组成了新的网龙公社。根据周边不同的景观和建筑之间的相对关系，3 个体块各自朝不同的方向退台，为居住者提供一系列共享的屋顶平台。同时也将本来完全封闭的内院朝四周的自然景观开放，既可观山也可望海。交通流线设置在内院，并与所有共享平台相连，公社里的居民可以在这些风景优美的平台上共同享受他们工作之外的闲暇时光。这个案例充分体现了在高度集约的限制条件下，建筑体量采取退台的组合方式，充分调动有限的设计资源，既创造出大量的公共活动空间，又实现了丰富多变的整体变化，同时与当地的建筑文化传统产生内在关联。

图 6-3 网龙公司员工宿舍立面效果图

图 6-4 网龙公司员工宿舍透视图

6.1.3 交叉式

交叉式指的是两个或者多个体块通过交叉的方式形成新的体块体量，产生不同的形体效果。交叉式的体块处理方式能够充分丰富建筑造型并使其建筑形体布局灵活，常用于解决不规则地形和对景观要素产生呼应。体块的交叉适应于多种建筑场景，其灵活多变、易于操作且形式多样的特点使得这一造型手法广泛地应用于各类建筑实践中。

本构建筑事务所设计的齐云山树屋（图 6-5）是单元体块交叉组合建筑形体的典型案例。树屋总高约 11m，与周边成熟树龄的红雪松同高。整座房子由七个 2 ~ 3m 见方的房间相互交叉层叠而上，七个房间由中间的一条旋转楼梯相连。通过图示可以清晰感知该设计方案的生成过程：设计师选取不规则盒体作为单元体，根据每个盒体承载的功能进行体量调控，再依据采光要求来布置单元体块的朝向，而这一形式的生成则依靠于体块之间的相互交叉。

图 6-5 齐云山树屋外外观

6.1.4 旋转式

旋转式与交叉式的手法相类似，是指两个或多个体块通过相互扭转构成角度的方式生成新的体块体量，但体块之间并不交叉重叠。通过旋转生成的体块组合形式多样，具有良好的适应性，且在形式上可以产生多变的视觉效果。很多建筑案例采用多个基本体块旋转排布，从而形成韵律感，提高建筑形体的艺术性。

以 Younghan Chung Architects 的飘浮立方体住宅（图 6-6、图 6-7）为案例。图示可以看到，建筑组合体量通过多个单元体块的各个角度旋转构成，表现出了多变的视觉艺术效果。该案例选取了 3m×3m×3m 立方体作为建筑体量的基本单元，通过不同角度、不同方向的扭转使建筑整体得以形成，既满足了单元体块在通风采光等功能上的需要，也展现出建筑形体的趣味性和艺术性，同时又可以与场地环境建立起紧密的联系。旋转的手法可以产生多种体块组合的效果，但同时也会增大建筑体形系数，在特定的气候分区下，会对建筑的能耗产生一定的影响。

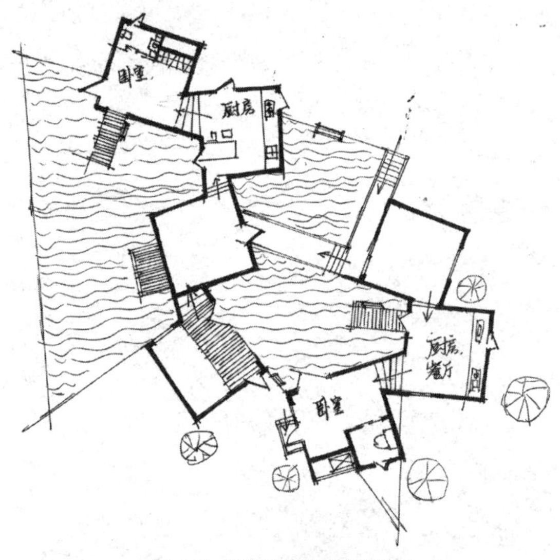

图 6-6　飘浮立方体住宅平面图

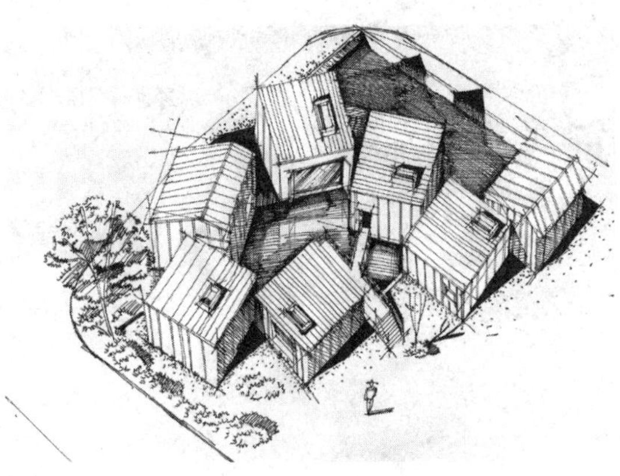

图 6-7　飘浮立方体住宅鸟瞰图

6.2　体块之间组合规律

6.2.1　单元体块的重复形成韵律

这种组合规律，是通过单元体块的重复与整体之间形成韵律。先来看图示的几个建筑案例（图 6-8～图 6-11），通过对建筑形体的拆分，可以清晰地看到建筑的体块组合方式，都是将一个几何形体作为母题，通过一定的秩序进行组织，从而形成一种韵律。这种组合方式由于体型的连续重复，形成强烈的秩序感；同时由于没有明显的均衡中心及体型的主从对比关系，因而给人以平静自然、亲切和谐的印象。当然，这个基本的几何形体并不是一成不变的简单重复，而是在单元之间，通过体量、方向、位置等变化，甚至是扭转变形，从而产生出丰富的组合方式。

图 6-8　悉尼歌剧院效果图

图 6-9　罗马千禧教堂效果图

图 6-10　古根海姆博物馆效果图

图 6-11　VitraHaus 家居体验馆效果图

以美国科罗拉多州空军士官学院教堂为例（图 6-12、图 6-13）。教堂的平面呈简单的长方形，其中包含有三个子教堂：基督教堂、犹太教堂、天主教堂。教堂的体块造型特点就在于它的形式具有强烈的“重复美”。它的基本单元结构是由钢管与玻璃组成的四面体单元组成的，每层一种类型，共有三种类型。在每个四面体单元的几个面的接头处还镶以一条彩色玻璃带，以增加宗教气氛。这种处理手法无疑利用单元体块的重复取得了造型上的成功，强烈的重复形式的建筑立面具有韵律感和视觉冲击性，同时也形成了丰富的光影效果。在建筑内部空间中，这种单元的形式与重复，无论在横向还是纵向都进一步强化了宗教建筑所需要营造的庄重氛围。

图 6-12　美国科罗拉多州空军士官学院教堂室内效果图

，图 6-13　美国科罗拉多州空军士官学院教堂效果图

6.2.2　单元体块的集合构成整体

这种组合规律，是通过单元的集合构成整体，探讨的是如何将不同的几何体块通过有机的连接形成一个整体。当单元体块集合起来形成整体时，各个单元之间的布局往往采取有机结合的方式，以使人察觉到它们之间的潜在联系。通常，这种关系可以通过连接、隔开和重合等基本方式形成。

1）单元体块的连接

单元之间的连接，包括实体单元和空间单元的连接。单元连接构成整体时，单元是完整可见的，互相以面相连。体块处理组合均衡，并且存在变化，尺度合理，组合存在秩序，统一和谐。通过连接的手法，可以获得灵活的组合方式，却保持建筑形态的完整性，是建筑设计中一种常见的造型策略。

以流水别墅为例（图6-14、图6-15），无论是平面、立面，还是竖向设计，赖特都保留了每个体块的完整性，但是各个体块的连接方式虚实变化丰富，形成一个有机的整体，建筑宛若生在环境之中。这种由不同体块连接构成的建筑形态重复，体现了建筑构图的形式美法则中多样统一的特点。在别墅的外形上，强调体块的连接与咬合，两层平台高低错落，一层左右延伸而二层向外出挑，石墙交错连接平台，使整个建筑具有明显的雕塑感；在别墅的内部，室内空间自由搭接延伸具有流动感的同时，与室外空间相互蔓延。整个建筑虽由不同单元所连接，但仍然具有内在的秩序感和有机的完整性。

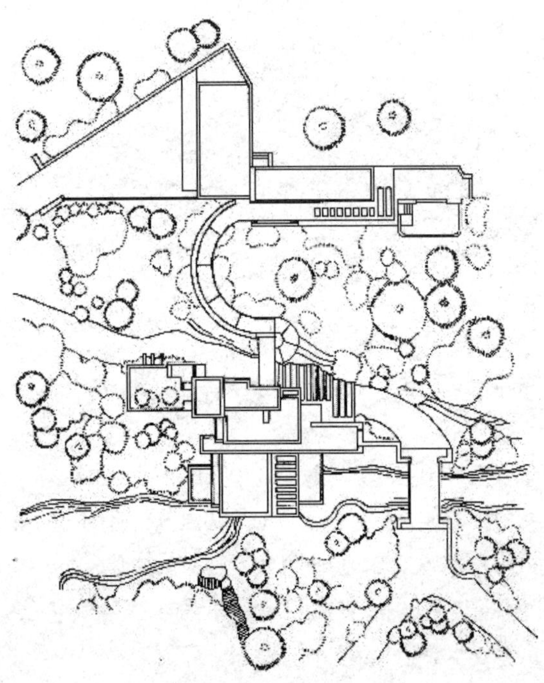

图6-14 流水别墅总平面图

图6-15 流水别墅透视图

2）单元体块的重合

当几个体块通过相互渗透的方式组合在一起，就重新重合成为一个新的整体。当多个体块重合以后，重合部分就不再简单地从属于原有的体块，而是成为一个新的空间单元，需要对其进行整合设计。单元或者空间在扭转之后相互叠加，可以用于复杂的空间创造。扭转空间在进行平面整合时，应当尽量减少或者削弱锐角等非可利用空间。通过重合体块的手法创造出的建筑形态视觉效果强烈，而内部空间复杂灵活多变，可以应用于具备大体量空间的公共建筑。

挪威 A-Lab 工作室（图6-16、图6-17）设计了位于奥斯陆郊外的五个具有铝材覆层的立方体建筑 Statoil 能源公司办公楼。建筑师将一个原本可以是独栋的建筑综合体打散成几个小的建筑体量，彼此采用空间扭转的方式进行叠加。营造出了复杂多变的内部空间和外部体量。在建筑的外部清晰可见几个立方体交叠布置，对着各个方向分别生成不同取景框，使整个建筑形体具有动态感，视觉效果强烈；同时由于体块重合咬合，内部空间具有动势，完整的空间由体块边缘打断，产生复杂的空间艺术效果。

图 6-16　Statoil 办公楼体块组合图

图 6-17　Statoil 办公楼内景图

3）单元体块的隔开

互相有关的单元体块也可以隔开，隔开的方式可以通过完全隔离或者以连接体相连接形成视感上的分隔。隔开后的空间中，单元之间的连接体可以成为视觉中心或者整合设计的重点。由于隔开的设计手法所营造的空间独特性，其被广泛应用于由单元体构成的群体建筑的设计之中。

藤本壮介的作品儿童精神康复中心（图 6-18、图 6-19）就是运用平面隔开手法进行散点布局的代表案例。该作品通过分散布置体块单元来实现复杂的建筑功能，通过这样的布局，建筑平面灵活的同时又能满足建筑不同的功能需求。建筑单元体随机布置，一定会产生一些“凹凸”空间，在生活区玩耍的儿童可以躲藏在其中。虽然这样的空间没有具体明晰的功能，采用规则的设计可以避免出现这样的空间，但是，孩子们在其中游戏，如原始人一般自由的建立对环境的认识，并在其中自得其乐。他们可以在其中躲藏、露面、休息、奔跑。空间互相分离或连接，通行或绕行，得到了各种各样的生活的空间。

Habitat 67 住宅位于加拿大蒙特利尔圣罗伦斯河畔，是一座为 1967 年蒙特利尔世界博览会设计的主题展览建筑（图 6-20、图 6-21）。建筑的总设计师，加拿大建筑师萨夫迪（Moshe Safdie），将每一个住宅单元都设定为一个统一的模块，在工厂加工预制，再像集装箱一样堆积在一起。案例通过纵向体块分割、堆砌、隔开的手法进行设计，不但创造出了参差错落的视觉效果，也提供了大量户外开放空间。花园露台以及便利设施都可以在小体块的顶部设置，为每一户住宅保留。

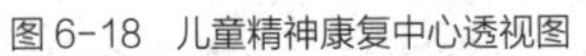

图6-18 儿童精神康复中心透视图

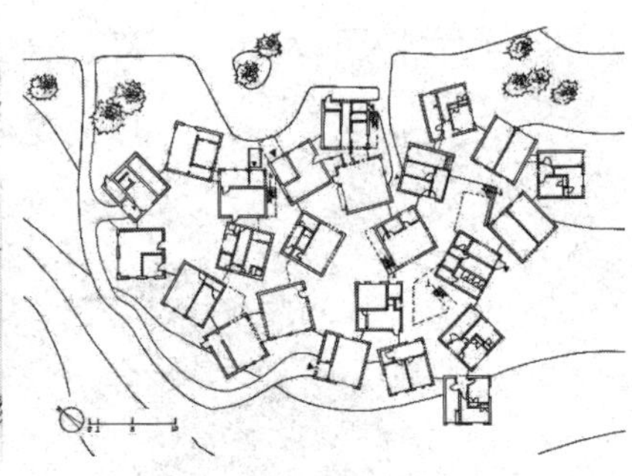

图6-19 儿童精神康复中心平面图

图6-20 Habitat 67 住宅透视图

图6-21 Habitat 67 住宅剖面示意图

6.3 建筑空间与场地设计

大家也许会问，本章是讲空间的组合，为什么还要介绍场地和场所呢？这是因为建筑师设计的建筑是处于环境中的，是有约束条件的。场地设计的目的，是建筑物与其他要素能形成一个有机整体，使基地的利用能够达到最佳状态，以充分发挥用地效益。因此，对场地知识进行基本的学习和解析，是建筑基础教学过程中必不可少的环节。

进行场地设计时，建筑师要了解这个场地的物理环境，了解相关的法规和规范，例如红线、建筑容积率等等。城市的管理部门也会对场地设计提供一些数据和相关的指标要求。所以要了解场地，熟悉场地的一些要求，才能有效组织里面的各种空间要素。做场地设计的时候，目光也不能仅仅停留在设计用地，建筑师需要建立一个更高的设计意识，站在更宏观的角度去认识场地。有时，设计一个场地要从城市的角度，从整个的城市肌理、街道广场来认识建筑环境。以图示为例，通过“空间图底分析”法，可以了解到城市建筑与街道空间的正负形关系（图6-22）。

6.3.1 场地与场所

首先，介绍一下场地和场所的概念。场地是指适应某种需要的空地，供活动、施工、实验使用的地方[1]。场地具有天然的属性，并不是所有的场地都适合人类建造或居住。人类发掘场地中的有利因素并不断对不利因素进行改造，场地的可居性与人类活动不断融合共生，逐渐形成了“场所”。场所

图 6-22　城市建筑与街道空间的正负形关系图

即特定的人或事所占有的环境的特定部分，指的是特定建筑物或公共空间活动处所[2]。场所是自然环境与人为因素的综合体，它意味着客观条件与主观因素的恰当融合。

场所和场地仅一字之差，但却是含义相差很大的两个概念。场所是有行为的场地，如果在场地上有人的各种行为活动，那就称为一种场所，脱离了行为活动，则不能称之为场所；没有人在空间活动的时候，则称之为场地。例如，董功就曾把场地定义为一块原始的土地、一种介入之前的状态，而场所里面融入了人对场地的感情和体验。他认为，建筑恰恰是一个媒介——当它介入一片土地，就应该通过空间揭示出土地里蕴藏的和人有关的能量，并把它转化成一种积极体验[3]。这也说明了发掘场地中各种客观条件对场地设计的重要性，将客观条件和人的精神体验融合，进而转换成空间，为之后的建筑设计奠定基础。

6.3.2　场地设计

场地设计，是建筑设计非常重要的一个部分。它指的是为满足一个建设项目的要求，在基地现状条件和相关的法规、规范的基础上，组织场地中各构成要素之间关系的活动。

1）场地设计要素

场地设计涉及的要素有很多，包括地形、地貌、日照、降水、风向、道路、绿化、原有建筑等，是一项复杂的设计科目，本章节无法一一展开，在这里只是列举几项主要内容进行阐述。

图示表现的是等高线（图 6-23）。这是一条地形图上高程相等的相邻各点所连成的闭合曲线。通过这个等高线，建筑师大致可以掌握场地的地形地貌、高程变化，知道哪里是制高点，知道哪里是平地，哪里坡度面大，哪里坡度面小。

图示为风玫瑰图（图 6-24），它代表的是某一地区在某一时段内各风向出现的频率或各风向的平均风速的统计图。风玫瑰图有夏季的，有冬季的，还有全年的，每个区域风玫瑰图都不尽相同。在进行场地设计时，建筑师要考虑风向，什么样功能的建筑空间适合布置在下风向，什么样的建筑空间适合布置在上风向。这个如果设计不好的话，往往会带来很多问题。例如一些污染较为严重的工厂，一般都会考虑尽量布置在城市下风向，而不会放在城市上风向。

图 6-23 等高线示意图

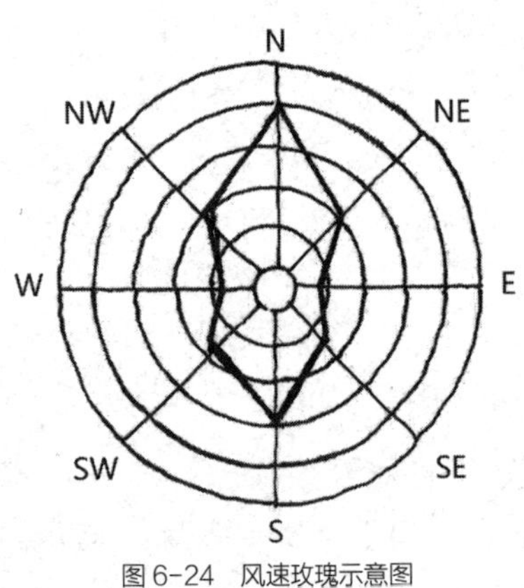

图 6-24 风速玫瑰示意图

2）图解场地分析

了解场地设计的基本知识后，通过几张草图，来看看建筑师是如何对场地进行分析的。

（1）表达基地的基本条件（图 6-25）

基地环境错综复杂，这张图清晰表达了建筑师概括后的思维成果。建筑师用简练的语汇，清晰地记录了等高线、河流、树木的位置关系，表明了道路、桥等交通环境，表明了建筑的用地范围。虽然线条不多，但是场地的基本要素都清晰地记录了出来。

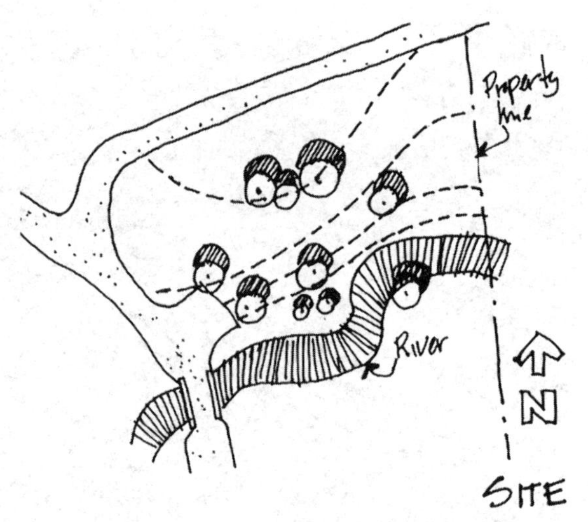

图 6-25 场地河流、树木、道路等因素分析图

（2）表达用地的坡度范围（图 6-26）

这张图展示了建筑师对坡度进行的细致研判，整理出了坡度的区域范围，清楚地分析了基地可以作为不同用途的限制条件。图示清晰表明，等高线越密的地方，表示这个空间坡度越大；反之等高线稀疏的地方，坡度平缓。建筑师清晰地标注出了一个大块、两个小块平地的位置，为将来的建筑设计作出充分的提示。

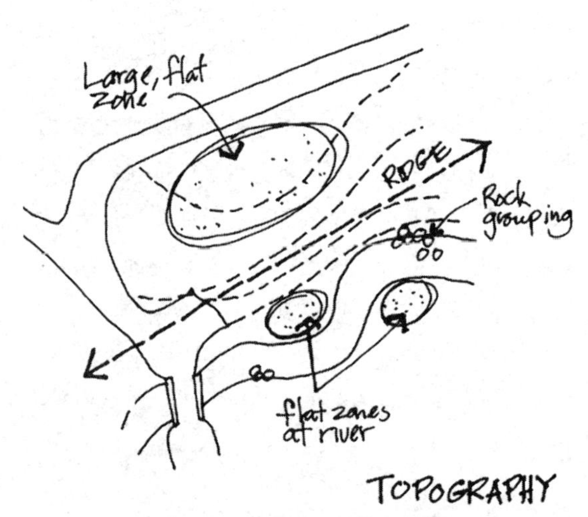

图 6-26 场地坡度区域范围分析图

（3）表达用地的气候条件（图 6-27）

图示主要记录的是场地的日照条件和主导风向。图中清楚地表达了夏季、冬季的主导风向以及日照范围，并提示采光和通风需要在建筑设计中予以重

点考虑。以我国东北严寒寒冷气候分区为例，建筑师在设计过程中，一般来说要争取南向作为好的日照方向，尽量避免北向作为建筑的主朝向。在布置场地的过程中，建筑师可以选择在西北方向种树，以遮挡西北风的寒气；可以选择把建筑北立面做的比较实一些，减少门窗洞口，防止冷风往里渗透，而南向可以开更大的窗补足采光，也有利于夏季通风。

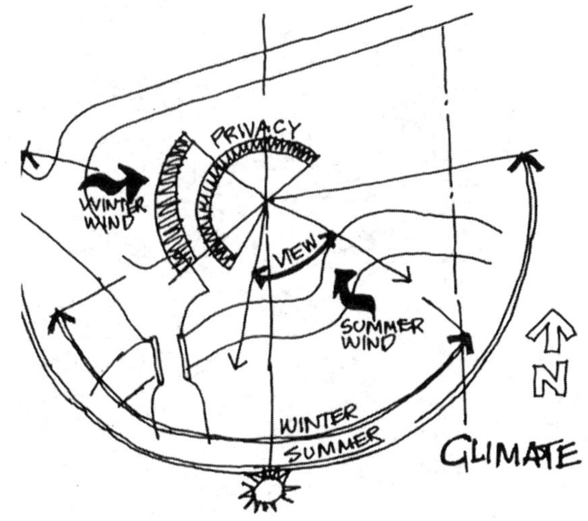

图 6-27　场地日照、风向分析图

（4）表达场地内分区、景观的方向和品质（图 6-28）

图示表达了场地潜在的动静分区和景观分析。好的景观是建筑师设计建筑要积极争取的有利要素。图示的南向，有绿化、有河流，风景优美，是建筑师认为应当积极争取的景观朝向。动静分区则提示了场地的私密性和开放性，建筑的基地也要有不同的空间层次。建筑有私密性的空间，用来满足私密性的行为需求，比如住宅建筑的卧室；建筑也有开放性的空间，比如公共的会议室或共享空间。如何将空间在场地内进行合理的组织分配，就显得尤为重要。图示的区域临近道路，这个方向开放性就比较强，道路上人流、车流众多，所以，私密性非常强的空间就不适合布置在这一区域，并且在建筑空间设计过程中，这一区域的处理需要相对独立一些。

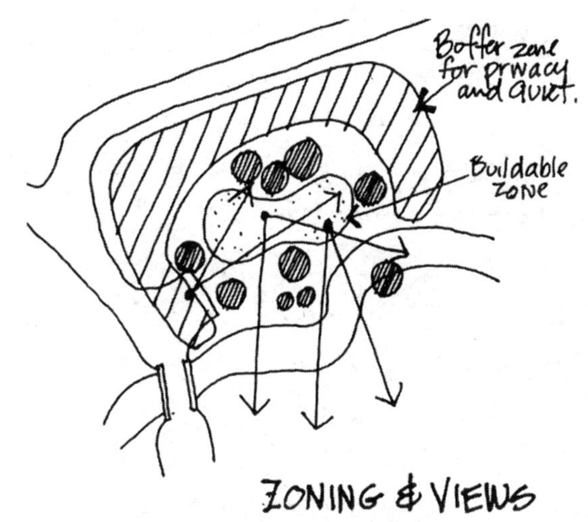

图 6-28　场地景观方向与品质分析图

通过上面的草图分析可以看到场地设计的重要性。如果对场地没有更深入的了解的话，那么设计师很难做出一个和环境共生的优秀建筑。

6.3.3　建筑空间与场地关系

场地与建筑空间之间互相影响，关系紧密。场地通过其特有形态，如地形地貌、气候特征等对建筑内空间产生影响，而建筑空间则通过自身设计对周围场地建立联系进而对环境进行调节。下面通过几个建筑与场地设计的典范，介绍建筑空间与场地的几种基本关系。这些建筑所处的场地环境截然不同：有的建筑处于风景优美的自然环境中，有的建筑则处于城市环境中。但这些建筑却充分体现了建筑师对场地的精准解读。

1）相互联系

建筑在进行设计过程中应该充分考虑如何建立场所与建筑空间之间的联系。建筑不应是孤立的单独个体，建筑空间通过与场所环境空间建立联系，可以通过建筑体块、建筑形态等方面展示地域特色，还可以有效的实现建筑的节能。根据场所进行调控的建筑空间需要满足人们遮风避雨、通风采光、避寒取暖的基本需求，也需要满足调节内部环境和人身体舒适的高级需求。

由哈桑·法赛设计的新巴里斯村（图6-29、图6-30）便充分体现了场所与建筑空间之间的联系性。哈桑·法赛认为根植于当地文化与地理环境中的本土建筑，才是一个社会建筑的真实表达，所以在建筑实践中他经常使用一些从埃及本土文化语境中发展出的建筑语汇，如正方形穹顶单元、矩形拱顶单元、导风廊道等。在新巴里斯村建筑群体的设计中，通过凉廊、屋顶敞廊、拱顶、竖井等建筑空间设计使建筑内部与场所环境产生流通并提高建筑品质达到节能效果；通过建筑空间组合，产生单元序列，形成建筑形式的丰富变化；通过当地乡土材料的应用，如表皮泥砖的选取，使建筑与当地环境有机结合。这种实现场所与建筑空间关联的建筑设计很好地反映了当地特色，又起到节能环保的效果，正是使建筑保持持久的生命活力的源泉。这种联系的建立使得建筑得以保持文化真实性的同时又充分满足了人类生理和心理的需求。

图6-29 新巴里斯村建筑外景图

另外一个实例是由华裔建筑师贝聿铭设计的美国华盛顿国家美术馆东馆（图6-31）。东馆位于华盛顿一块3.64ha的梯形地段上，这里东望国会大厦，南临林荫广场，北面斜靠宾夕法尼亚大道，西隔100余米正对西馆东翼，附近多是古典风格的重要公共建筑。东馆位于特殊的梯形地段。建筑师找到了老建筑和新建筑之间的轴线关系，又考虑到周边的道路，设计出建筑的基本形态。贝聿铭用一条对角线把梯形分成两个三角形。西北部面积较大，是等腰三角形，底边朝西馆，以这部分作展览馆。东南部是直角三角形，为研究中心和行政管理机构用房。对角线上筑实墙，两部分只在第四层相通。这种划分使两大部分在体形上有明显的区别，但整个建筑又不失为一个整体。这种非常理性地处理建筑跟周边环境道路之间关系的方式，成为从环境入手进行设计的一个典范。

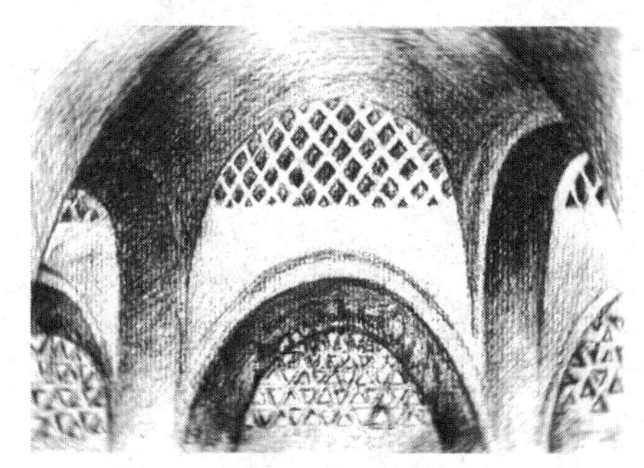

图6-30 新巴里斯村建筑内景图

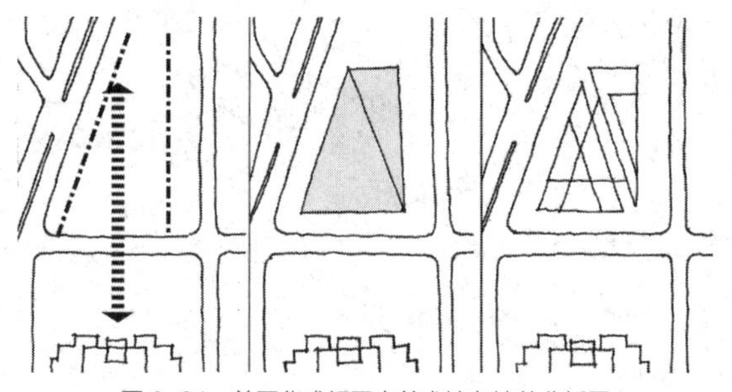

图6-31 美国华盛顿国家美术馆东馆总分析图

2）相互蔓延

在进行建筑设计的同时，也应当注重建筑与其周边环境之间的融合。建筑空间环境的独特艺术性就根植于场所特征，宏观至当地城市文化肌理、环境气候影响，微观至基地现状条件和相关的法规、规范要求，以及场地中各构成要素之间关系。建筑空间与场地之间的融合蔓延，不仅表现出建筑的在地域性特点，并且更加充分展示了建筑的艺术文化特色。

建筑如何融入场地呢？以哈尔滨大剧院（图6-32、图6-33）为例，哈尔滨大剧院坐落在松花江北岸江畔，以环绕周围的自然风光与北国冰封为设计灵感，从湿地中破冰而出，建筑宛如飘动的绸带，从自然中生长而立，成为北国延绵的白色地平线的一部分。对比松花江江南的城市天际线，自然之美与独特存在于此，使哈尔滨大剧院在具备功能性的同时，成为一处人文、艺术、自然相互融合的大地景观。建筑的白色表皮仿佛是会呼吸的细胞，在北国阳光的照耀下发生“光合作用”。大剧院顶部的玻璃天窗最大限度地将室外的自然光纳入室内。哈尔滨大剧院独特的流线形体的设计顺应建筑内部剧场空间，表皮形式流畅通透，充分表达了建筑的地域性特征，在场景中实现了建筑与场所环境的相融，最大限度实现建筑空间与场所的互通。

图 6-32　哈尔滨大剧院外景图

图 6-33　哈尔滨大剧院内景图

再以流水别墅为例。流水别墅（图 6-34）是现代建筑的杰作之一，它位于美国匹兹堡市郊区的熊跑溪河畔，内外空间互相交融，浑然一体。流水别墅在空间处理、体量组合及与环境的结合上均取得了极大的成功。建筑的体块生长在环境之中，水平、垂直的单向板片，宽窄、长短各异，参差穿插，构成了建筑的基本形体，完美融入到环境之中。

图 6-34　流水别墅手绘效果图

3）相互补充

场所与建筑空间之间还可以存在相互补充的关系。通过建筑设计，使得建筑空间与其外部空间场所共同塑造一个新的场所体验。正如建筑的最主要目标是创建一个可见的世界，这种关系的形成是建筑在设计时根植于当地特色文化特征，运用多种空间操作手法与形式组合，充分激发场所活力，使用场所的人，既是旁观者又是参与者，让建筑和环境成为空间体验的场景，成为生活的舞台与观众席。

意大利锡耶纳的市政厅广场（图 6-35、图 6-36）是在中世纪形成的，一直被人们看作是城市广场的典范，平面形状像扇子，又像贝壳的大广场是世界上最美丽的广场之一，这里也是城市生活的中心。建筑通过开放一部分底层空间给广场，形成了广场空间的有益补充；广场则将各个空间联系到一起，就像是城市的露天大客厅，将人群带给周边的建筑。周围的餐馆和咖啡座总是挤满了人，直至深夜广场上的各种表演和观众还迟迟不想离去。这些交织在一起的体验，共同形成了锡耶纳的场所体验。由此可见，建筑与场所之间相互补充可以使得整个场所充满生机从而创造出一种全新的空间体验。场所体验不是单一建筑或者场所环境所能营造的，通过这种相互补充的关系得到的是场所空间的再创造，是具有生命活力的场所体验。

图 6-35 锡耶纳的市政厅广场局部鸟瞰图

图 6-36 锡耶纳的市政厅广场整体意向图

6.4 案例分析

6.4.1 森山邸（MORIYAMA HOUSE）

建筑师：西泽立卫（RYUE NISHIZAWA）
项目地点：日本 东京（TOKYO，JAPAN）
建成时间：2005 年

森山邸（图 6-37 ~ 图 6-39）是西泽立卫的代表性作品之一，位于东京市内，其业主是一位男士和他的母亲。建筑充分体现了西泽立卫“离散操作”的空间组合方法。建筑师将一个住宅整体拆分为房间、庭院和庭院中的树木三种元素。被拆分出的各功能房间形成 10 个建筑单体。这些单体自然地散布在基地上，并在单体之间穿插庭院和植物元素，形成了一系列既独立又联系的庭院景观。基地同时向外部街道开放，这种建筑群的形式可以使其更好地融入街区，形成一个小社区。

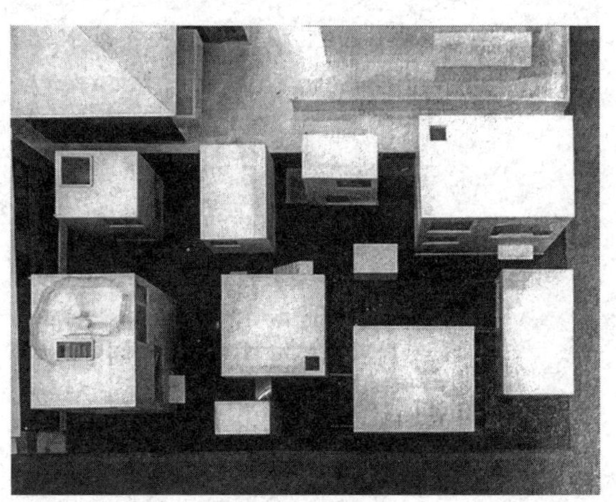

图 6-37 森山邸

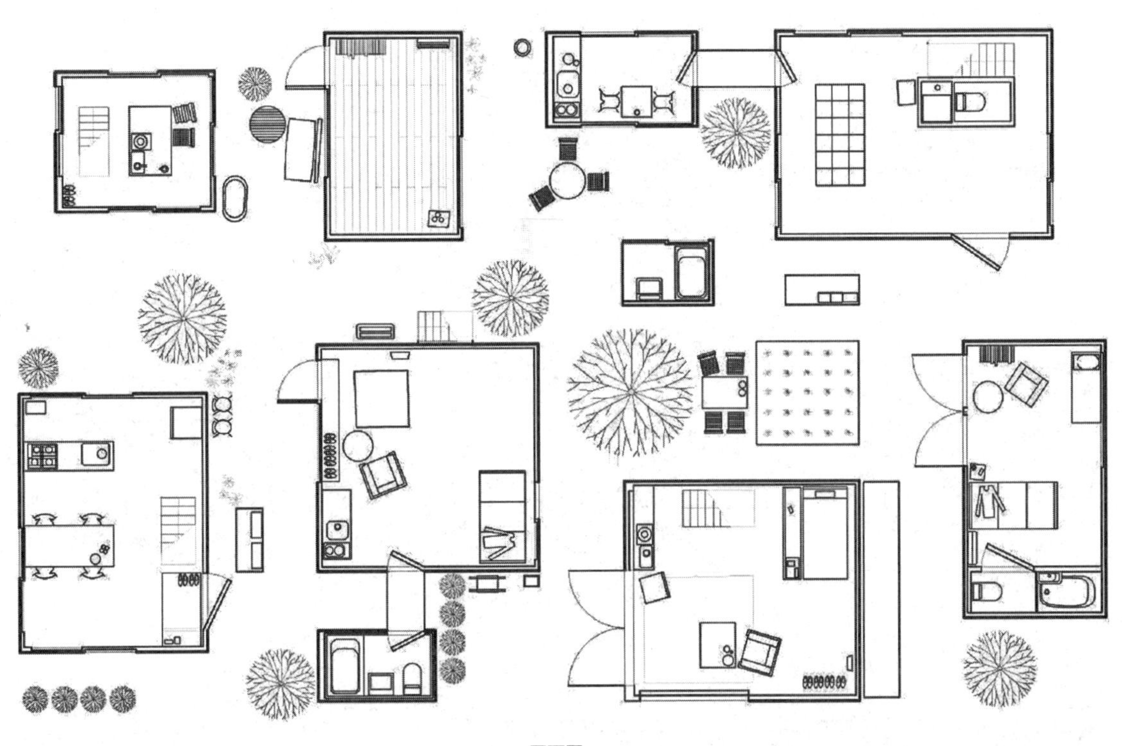

平面图

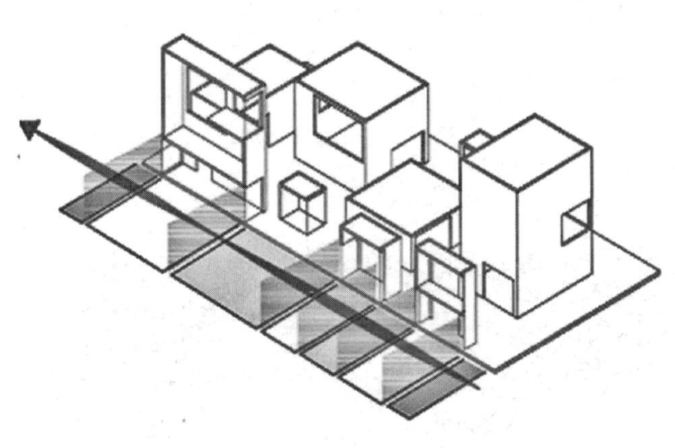

剖面图

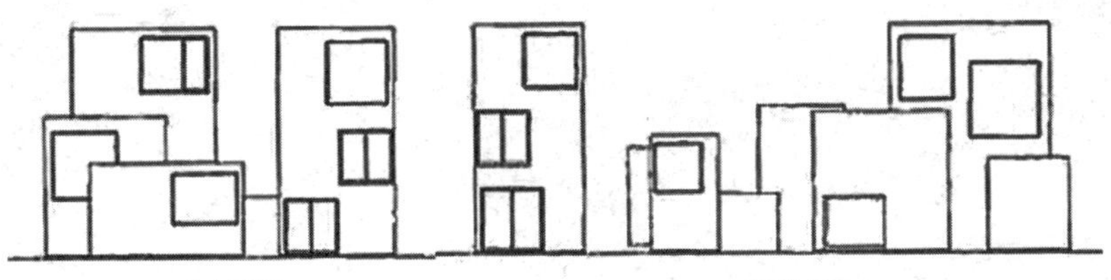

北立面图　　东立面图

图 6-38　森山邸案例分析图 1

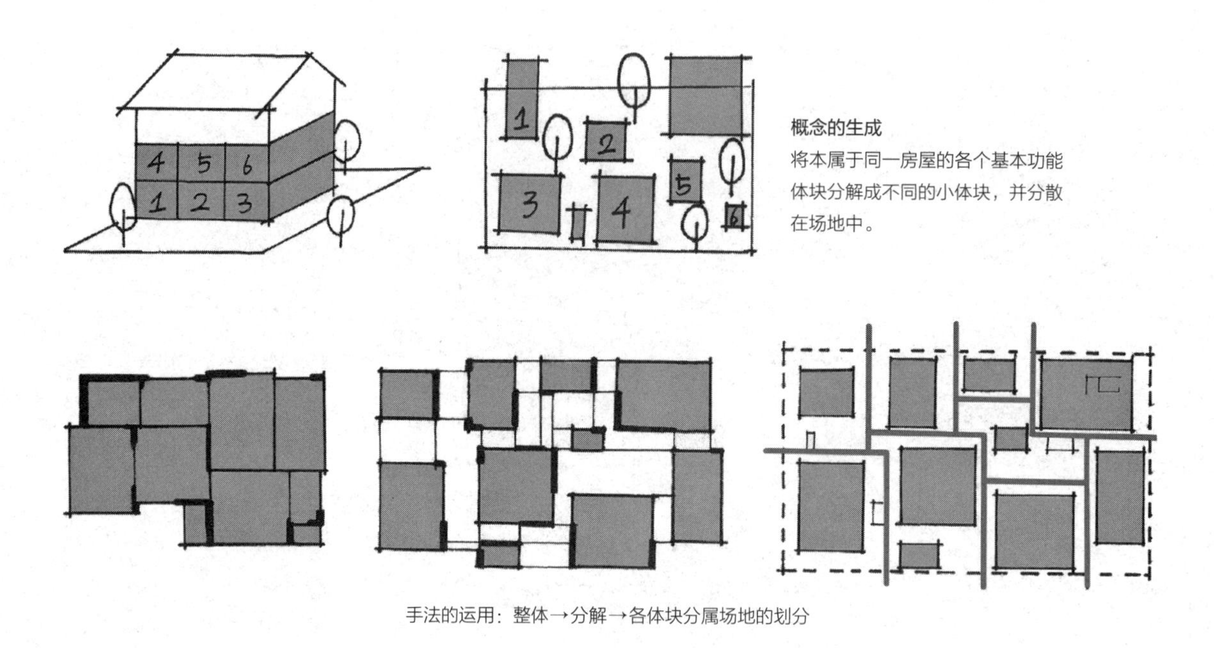

手法的运用：整体→分解→各体块分属场地的划分

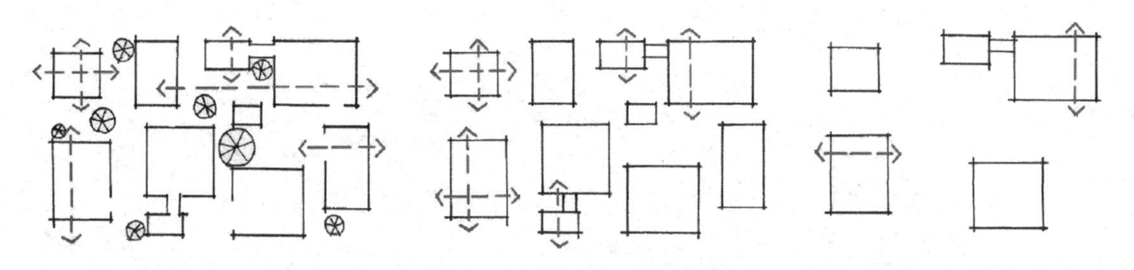

不同层数中实现的通透性

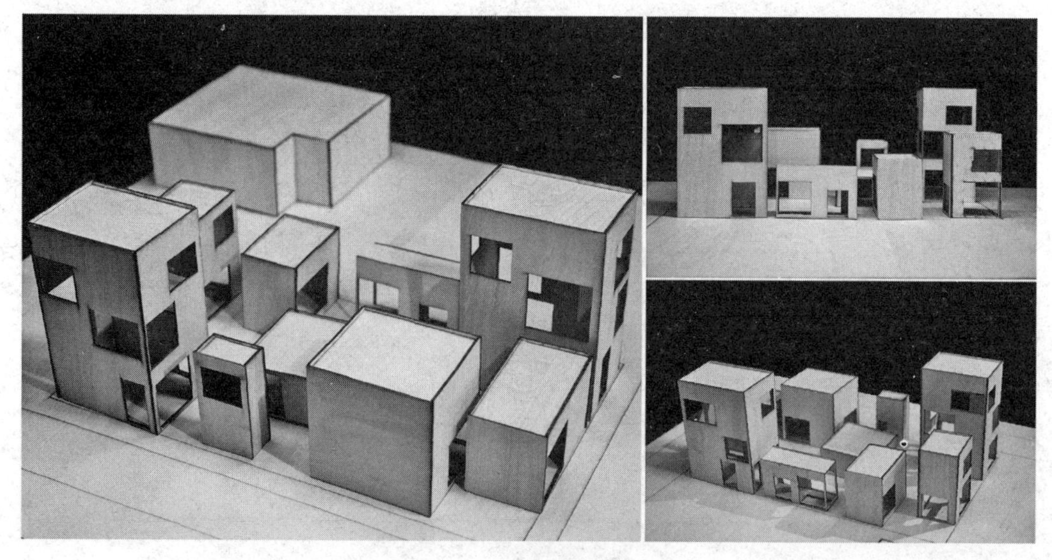

图 6-39 森山邸案例分析图 2

6.4.2　VITRAHAUS

建筑师：雅克 • 赫尔佐格（JACQUES HERZOG）与皮埃尔 • 德梅隆（PIERRE DEMEURON）

项目地点：德国　莱茵河畔威尔城（WEIL AM RHEIN，GERMANY）

建成时间：2010 年

VITRAHAUS（图 6-40 ~ 图 6-42）位于德国维特拉园区内，是建筑师赫尔佐格为维特拉家居展示所做的设计。建筑师基于住宅的典型符号构筑了坡屋顶矩形体量的空间原型。12 座独立原型如积木一般竖向堆叠组合成这个五层高的建筑。在这个堆叠的空间组合中，原型空间彼此交错与融合，楼板与山墙穿插咬合，直角空间和多边形空间有机结合，给建筑内部空间带来了复杂性与多样性，也让原型的外部竖向空间界限被消解并重构，在三维空间中有着极具张力的空间表现。

图 6-40　VITRAHAUS

6.5　技能与方法

6.5.1　建筑图纸绘画方法

建筑图是一种语言，为保证通识性和可读性，其应当符合一定的规范。建筑制图规范是建筑师需要掌握的基本知识，也是一种制图惯例，是所有设计者制图时应遵守的规则。制图规范存在国家标准，我国的制图规范主要有《建筑制图标准》GB/T 50104—2010（GB 代表国标，除国标外还有地方标准），《房屋建筑制图统一标准》GB/T 50001—2010，《总图制图标准》GB/T 20103—2010 等（图 6-43 ~ 图 6-45）。其他国家也有自己的制图标准，比如美国采用 *Architectural Graphic Standards*（图 6-46），但各国的制图标准大同小异。

（1）图纸图幅

图纸的幅面规格即图纸尺寸规格的大小。按照国际标准，图纸规格分为 A0、A1、A2、A3、A4 五种。相对应的图幅也可用几号图来表达，如 A0 图纸又称为 0 号图。各相邻幅面的图纸面积大小均相差一倍（图 6-47）。一般将以短边作垂直边的称为横式，以长边作垂直边的称为立式[3]（图 6-48）。

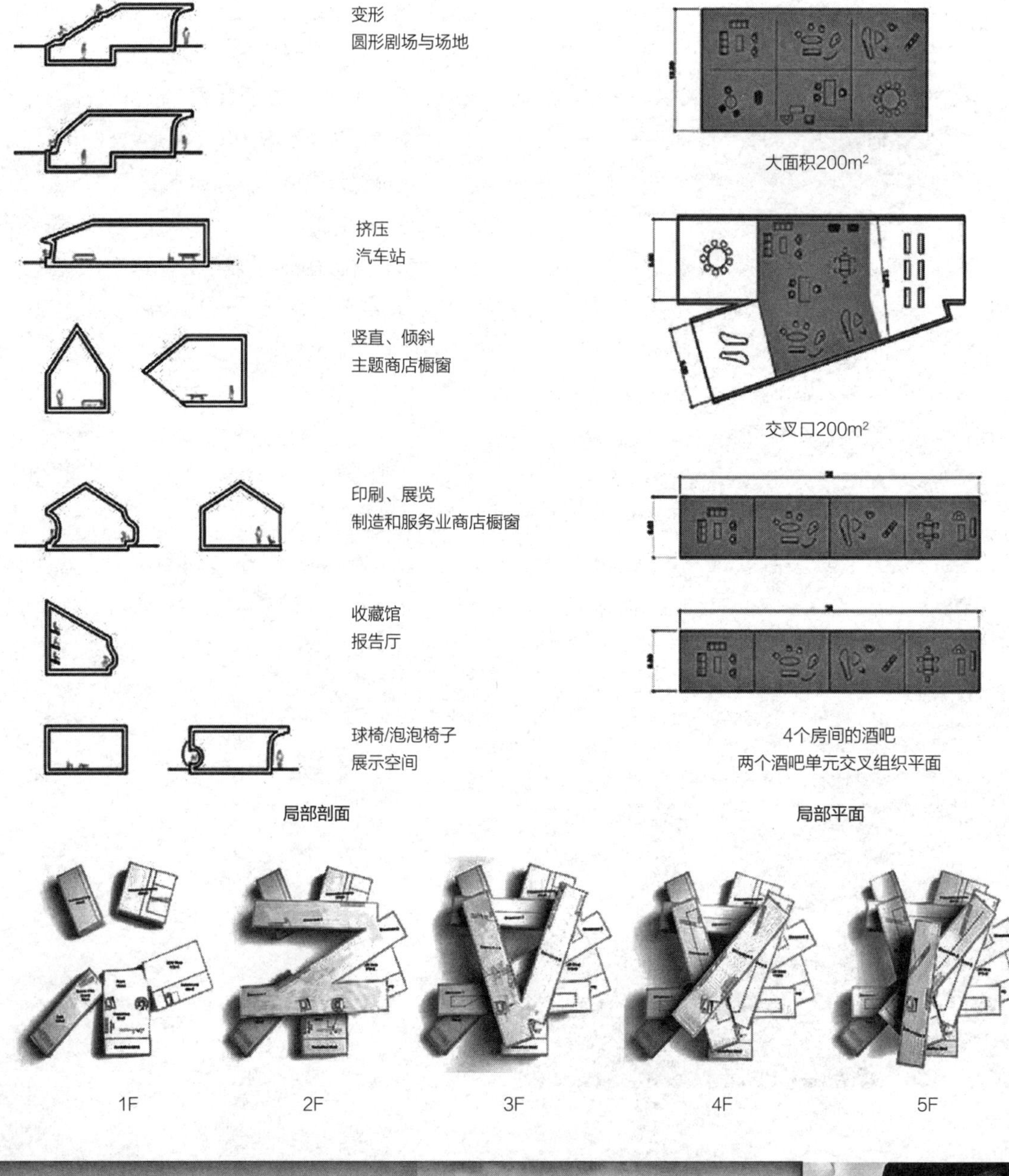

图 6-41 VITRAHAUS 案例分析图 1

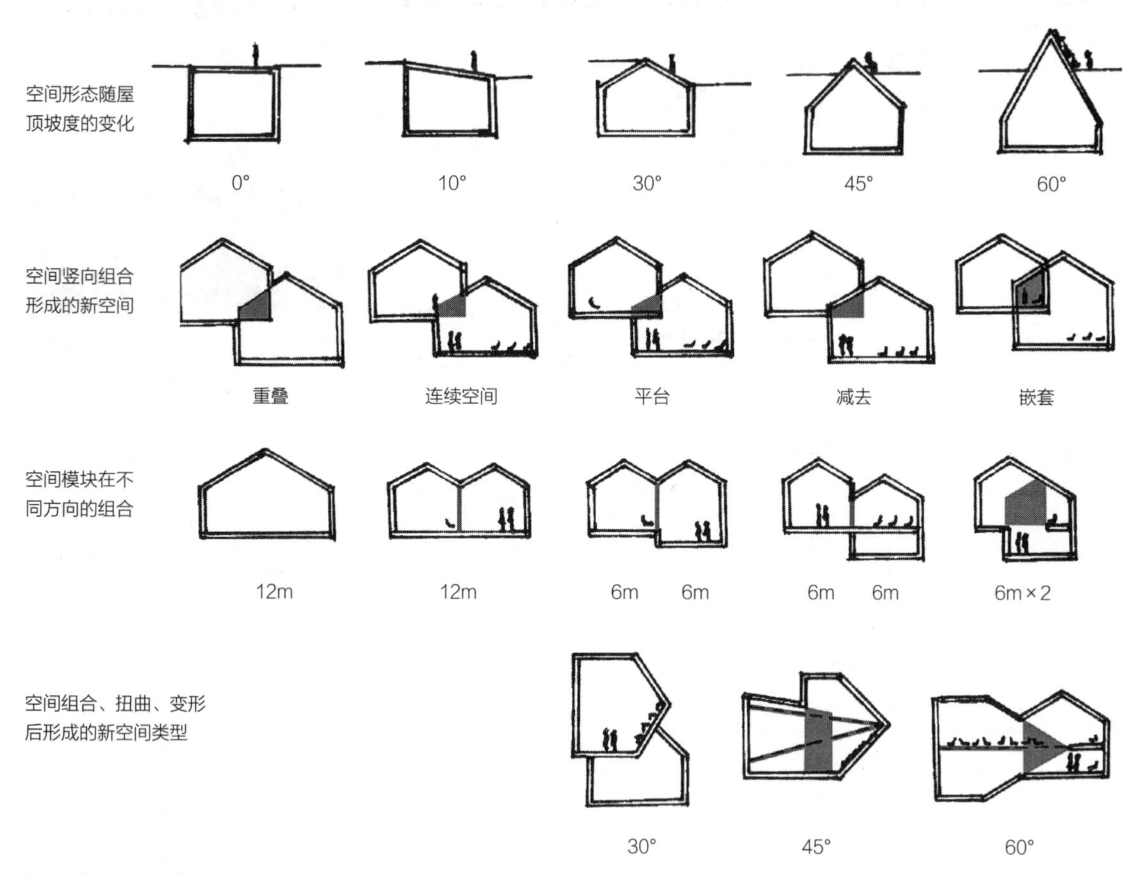

平面、竖向空间组合关系及流线组织

内部空间及流线复杂，便于营造空间氛围，利于布置展览。

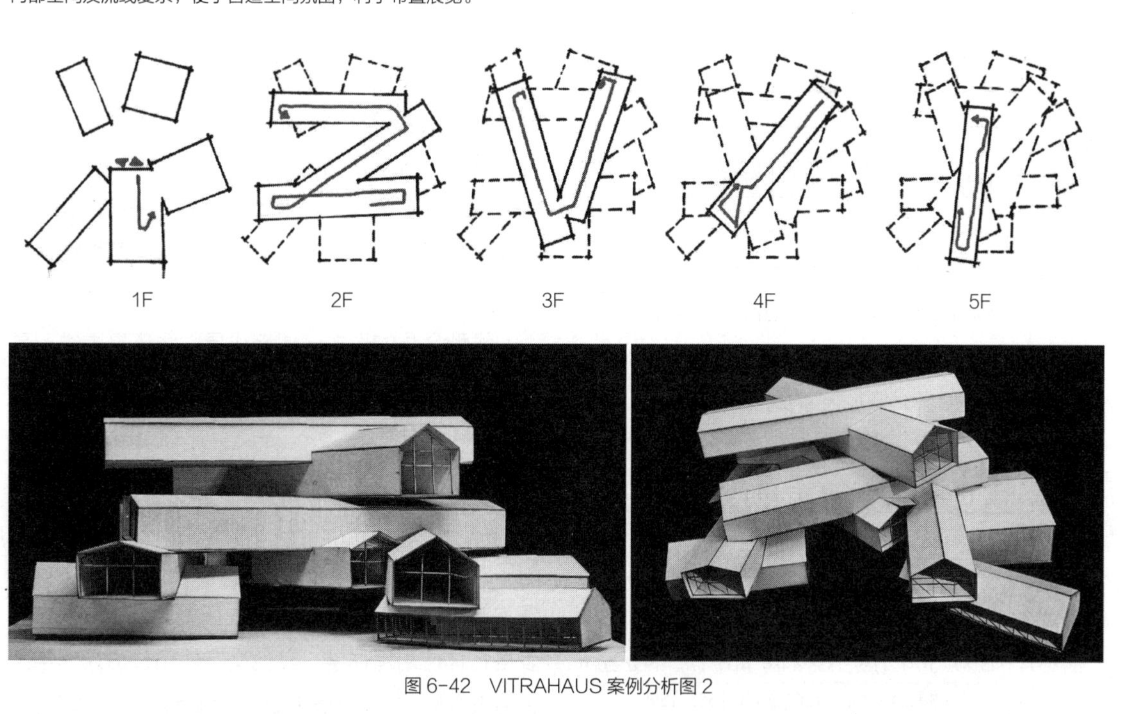

图 6-42　VITRAHAUS 案例分析图 2

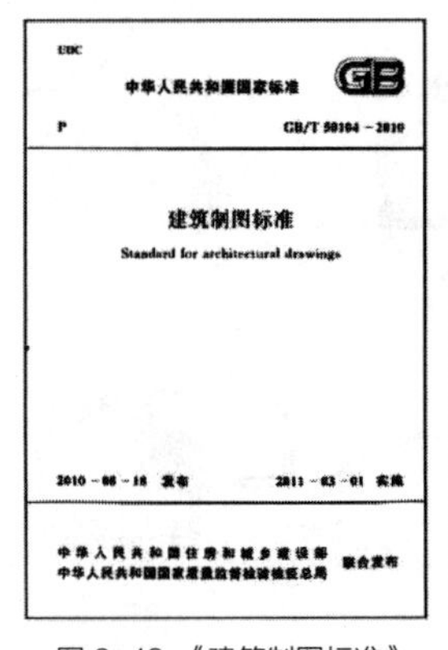

图 6-43 《建筑制图标准》GB/T 50104—2010

图 6-44 《房屋建筑制图统一标准》GB/T 50001—2010

图 6-45 《总图制图标准》GB/T 20103—2010

图 6-46 *Architectural Graphic Standars*

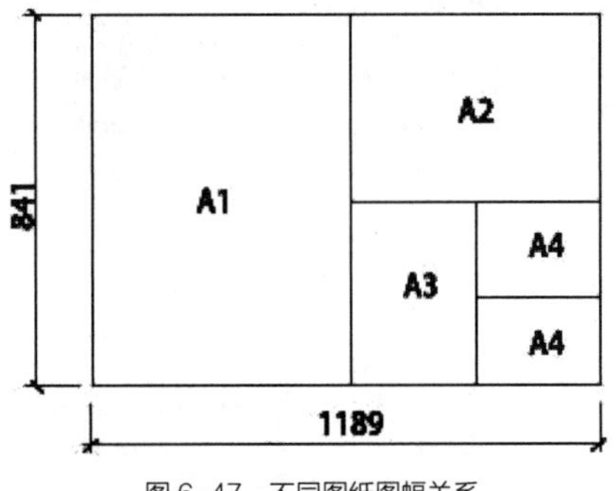

图 6-47 不同图纸图幅关系

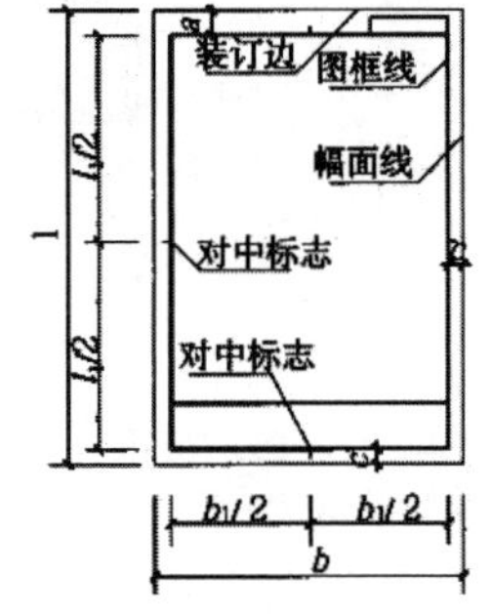

图 6-48 图纸图幅（横式、立式）

（2）图框

图框是图纸上绘图范围的界限。图框与图纸边界距离见表 6-1。

幅面及图框尺寸（mm） 表 6-1

尺寸代号	幅面代号				
	A0	A1	A2	A3	A4
b×l	841×1189	594×841	420×594	297×420	210×297
c	10			5	
a	25				

在标准幅面图纸画不下，选用上一号图纸又不经济的情况下，可采取图纸加长的做法。通常图纸加长可将长边加长，增加尺寸见表 6-2。不允许对短边进行加长。

图纸长边加长尺寸（mm） 表 6-2

幅面代号	长边尺寸	长边加长后尺寸
A0	1189	1486 1635 1783 1932 2080 2230 2378
A1	841	1051 1261 1471 1682 1892 2102
A2	594	743 891 1041 1189 1338 1486 1635 1783 1932 2080
A3	420	630 841 1051 1261 1471 1682 1892

竖幅图纸也可沿长边加长。当绘制高层建筑的剖面图、立面图时，有必要把图纸竖向加长。

（3）图线

图线是图纸绘制的主要组成。图线具有线宽、线型及用途之分。线宽即线的粗细。图线宽度 b，宜从 1.4、1.0、0.7、0.5、0.35、0.25、0.18、0.13mm 线宽系列中选取 [4]。每个图样的线宽不宜超过 3 种，其线宽宜采用 b，$0.5b$，$0.2b$；若选用两种线宽，宜为 b、$0.2b$[4]。

线型是线的形式，即该线是实线还是虚线，是点划线还是折断线。结合线型和线宽两种特征可以定义图线的用途。

（4）字体和比例

图纸上除了线条之外还包括汉字、数字和字母，称之为工程字。从绘图的清晰和美观双重要求出发，通常对图纸上工程字的书写进行规范，一般图名、表格名称使用黑体字，其他文字使用长仿宋体字。长仿宋字具有固定的高宽比，比值为 2：1。规定字距为字高的 1/4，行距为字高的 1/3。

长仿宋体字的书写需要经过临摹练习，手绘图纸的年代，每个学建筑的人都有临摹仿宋字帖的记忆。使用电脑绘图时，可直接对字体、字号、字间距进行设置。

比例，指图纸上图形与实物相对应的线性尺寸之比。建筑制图比例可以根据实际需求进行选取，将图表达清楚即可。其常存在一定惯例和经验值，常用比例见表 6-3。总平面图、规划图，因为涵盖面积较大，常缩小制图比例，选取 1：500、1：600、1：1000、1：2000、甚至 1：5000、1：10000 等比例来绘图。

比例（《建筑制图标准》GB/T50104—2010）　表 6-3

图 名	比 例
建筑物或构筑物的平面图、立面图、剖面图	1 : 50、1 : 100、1 : 150、1 : 200、1 : 300
建筑物或构筑物的局部放大图	1 : 10、1 : 20、1 : 25、1 : 30、1 : 50
配件及构造详图	1 : 1、1 : 2、1 : 5、1 : 10、1 : 15、1 : 20、1 : 25、1 : 30、1 : 50

（5）符号

剖切符号　剖切符号（图 6-49）用来标示剖面图的剖切位置，出现在 ±0.00 标高的平面图中。剖切符号用粗实线表示，长线是剖切位置线，长 6 ~ 10mm，表示从此线位置进行剖切，短线是剖视方向线，长 4 ~ 6mm，表示剖开之后往此方向看。数字标注于短线端部，是剖面编号，如果数字标 1，则剖面图名为 1-1 剖面图。

索引符号　当图中某个局部需要详细表达时，一般用索引符号索引出另一个详图，注明详图位置、编号及所在图纸编号（图 6-50）。索引符号的圆和引出线用细实线表示，圆通常直径 8 ~ 10mm。

引出线　由水平直线和与其成 30°、45°、60° 或 90° 的直线组成，一端连接引出的位置，另一端除引出索引符号，也可引出说明文字来表示一些构造做法或者材料（图 6-51）。如楼板构造图中用引出线来一层一层的说明每个构造层的材料和厚度（图 6-52）。

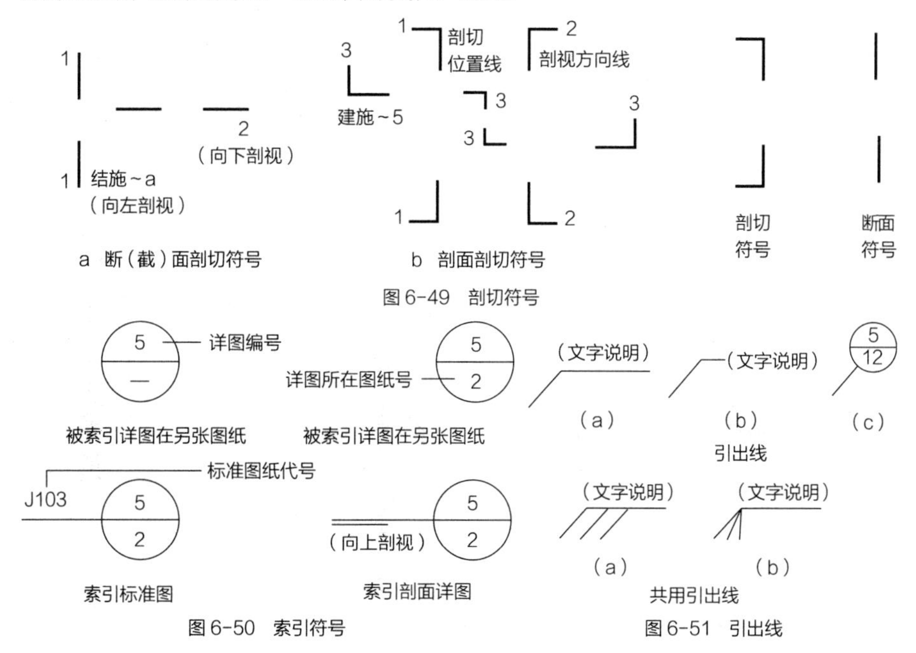

图 6-49　剖切符号

图 6-50　索引符号

图 6-51　引出线

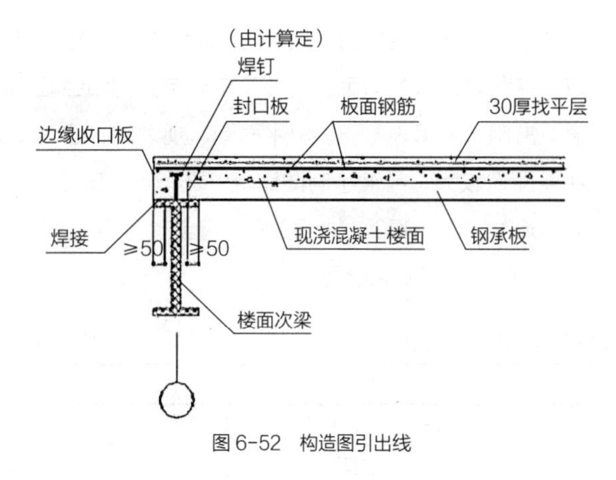

图 6-52　构造图引出线

指北针　建筑总平面图和首层建筑平面图上，一般要求画有指北针（图 6-53）或风玫瑰图（图 6-54），用来表示图纸中的建筑朝向。指北针用细实线绘制，箭头指向即为北向。

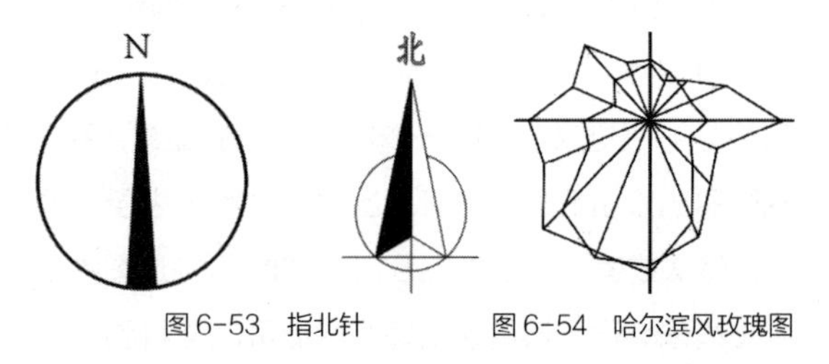

图 6-53　指北针　　图 6-54　哈尔滨风玫瑰图

（6）定位轴线

定位轴线是确定建筑物主要结构构件位置和尺寸的基准线。结构构件指有承重作用的构件，一般是柱子或者承重墙体。定位轴线用细单点长画线表示，轴线编号的圆圈用细实线表示，直径 8 ~ 10mm。轴线编号宜编注在平面图的下方与左侧，横向轴号用阿拉伯数字从左到右按顺序编写，纵向轴号用大写拉丁字母即英文字母从下到上编写（图 6-55），其中 I、O 和 Z 三个字母不可用作轴线编号。这三个字母易与阿拉伯数字的 1、0 和 2 混淆，造成误读。如字母数量不够，可用 AA、BA……或 A1、B1……表示 [4]。

当建筑平面比较复杂时，可以用分区编号的办法，把建筑平面分成几个区，分别对每个区的轴线编号（图 6-56）。

在为除承重墙和承重柱外的一些重要的分隔墙进行定位时，需要附加定位轴线，即两个定位轴线之间增加的轴线。附加定位轴线用分数进行编号，见图 6-57。

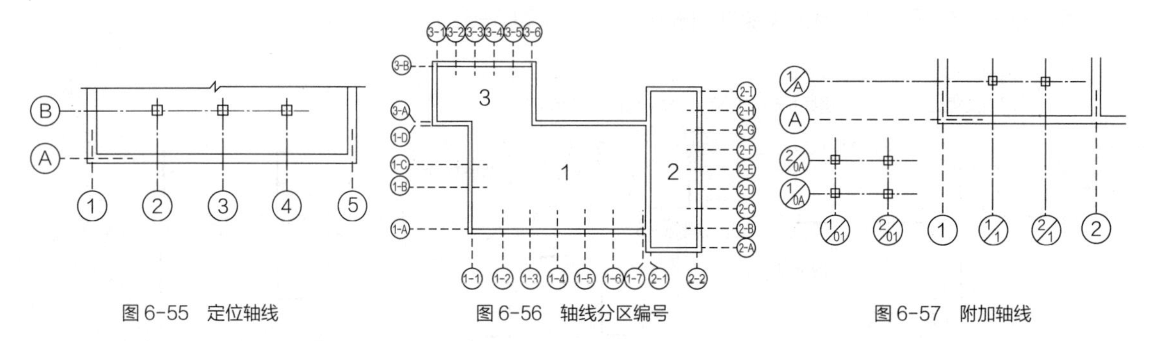

图 6-55　定位轴线　　图 6-56　轴线分区编号　　图 6-57　附加轴线

圆形或弧形平面用半径轴线和圆周轴线来定位，半径轴线从左下角或者正下方开始沿逆时针方向用阿拉伯数字编号，圆周轴线从外向内用大写拉丁字母编号（图 6-58）。

折线形平面横向轴线从下到上用大写拉丁字母编号，纵向轴线从左到右用阿拉伯数字编号（图 6-59）。建筑转折的地方，轴线也跟着转折。

（7）尺寸标注

尺寸标注包括四要素——尺寸线、尺寸界线、尺寸起止符号和尺寸数字（图 6-60）。尺寸线和尺寸界线用细实线绘制。尺寸起止符号用倾斜 45° 角的中实线绘制，长 2 ~ 3mm。尺寸数字标注在尺寸线居中位置，除总平面尺寸和标高以米为单位，其他的尺寸标注都以毫米作单位。

圆形的尺寸一般标注直径长度（图 6-61）。

弧线尺寸需标注出弧线的半径。除了标注半径，圆弧也可通过弧长或弦长来标注（图 6-62）。

自由弧线尺寸标注可采用二维坐标的方法，先

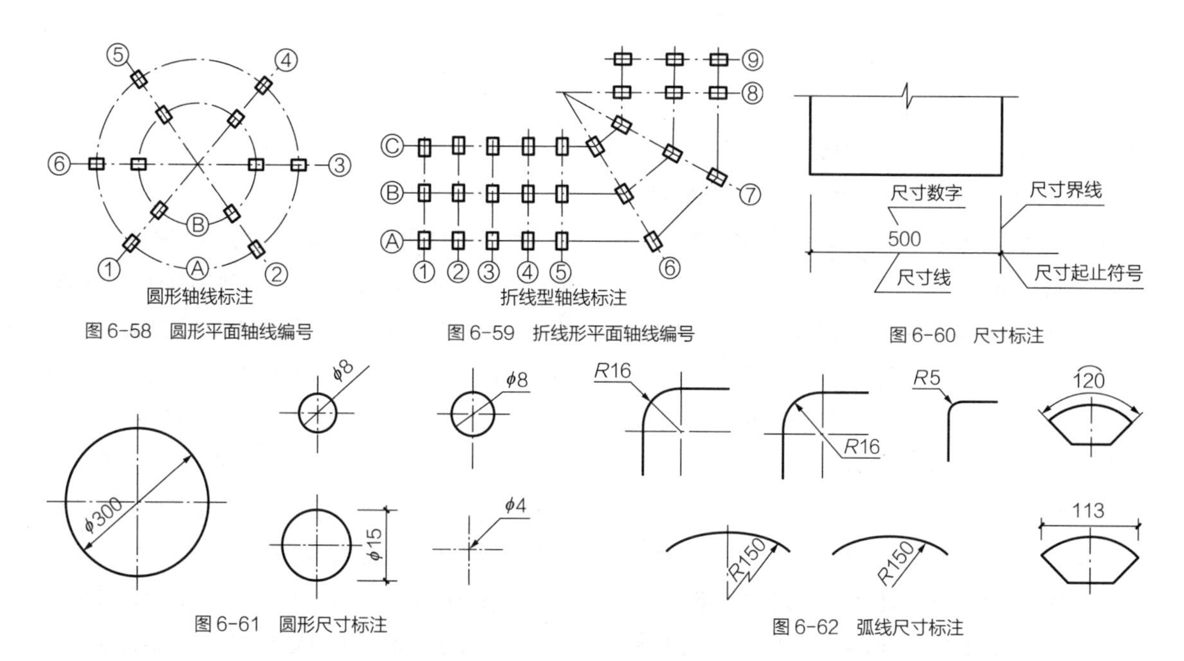

图 6-58　圆形平面轴线编号

图 6-59　折线形平面轴线编号

图 6-60　尺寸标注

图 6-61　圆形尺寸标注

图 6-62　弧线尺寸标注

用相同的横坐标距离平均将弧线分成几段，然后分别标出弧线上各个点的纵坐标距离。也可用网格法，相当于在一张方格纸上来画自由弧线，由方格的尺寸可定位出弧线上的重要节点（图 6-63）。

斜坡标注以坡度单面箭头符号指向坡下方，坡度注于箭头上方中央位置，可用百分比或分数的方式表示（图 6-64）。百分比即坡道上任意两点 *A*、*B* 间的高差除以其水平距离再乘以 100%。分数标注，即坡道上任意两点 *A*、*B* 之间的高差比上两点之间的水平距离，再对分数进行约分，直到分子为 1。标注坡度可以在平面上进行，还可在剖面上进行。

标高是剖面和立面上常见的标注形式。标高符号为等腰直角三角形，直角尖与需要标注高度的位置处于同一水平线，可向上也可向下，数字标注在三角形斜边的延长线上（图 6-65）。标高以米为单位，规定保留小数点后三位。按照惯例，一层地面的标高通常用 ±0.000 来表示（图 6-66），这样一层以上的楼层标高为正数，一层地面以下如地下室等的标高为负数。

6.5.2　建筑二维图纸表达

1）建筑表现图

当将三维建筑形体表现在二维图纸上时，建筑形体和空间关系的表达需要遵循透视原则。透视，简单地说，就是观察空间物体的概念，其在二维平

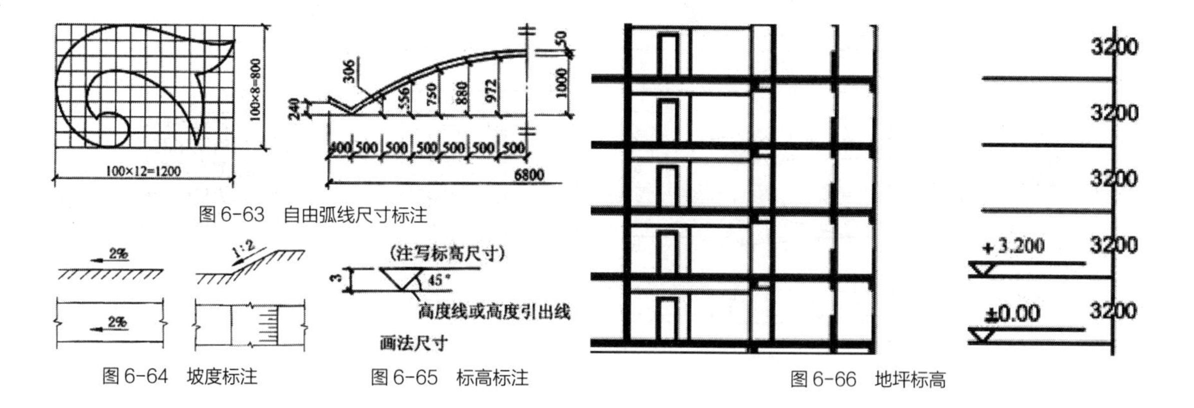

图 6-63　自由弧线尺寸标注

图 6-64　坡度标注

图 6-65　标高标注

图 6-66　地坪标高

面上的表达具有一定的视觉空间变化规律。近大远小、近宽远窄、近实远虚都是透视规律。将看到的或设想的物体、人物等，依照透视规律在二维平面上表现出来所得到的图叫作透视图。其可表达观察者在某一位置和方向观察到的建筑形象和场景。

（1）透视分类

建筑几何形体上相互平行的轮廓线会在视觉上汇聚于一个消失点即“灭点”，根据所产生灭点数量的不同，透视图可分为一点透视、两点透视和三点透视（图 6-67）。一点透视只有一个灭点，也叫平行透视，物体沿长、宽、高三个方向有两组平行线与画面平行。两点透视也叫成角透视，物体有一组垂直线与画面平行，其他两组线均与画面成一定角度，这两组每组有一个消失点，共有两个消失点。两点透视图能比较真实地反映空间，可以反映建筑物的两个立面，易表现出体积感，是建筑室外透视图的常用方法。三点透视图在物体长宽高三个方向都具有灭点，这类透视常用于建筑对象高大时[1]。

（2）透视要点

透视图是观者在特定视点观察到的图像，视距、视角和视高这三个表述人与观察物体之间相对位置关系的轴向要素是图像效果的决定因素。视距即观察者与被观察物体间的距离。视距越大，产生的灭点越远，透视越平缓，所视的空间范围也越大。视角即观察者位置的左右变化，使观察者观察建筑物角度发生变化，这将影响透视图中不同立面的相对大小和形状。一般选用约 30° 和 60° 的视角，使两个建筑立面主次分明、重点突出。视高即观察者眼睛离地面的高度。当视高大于建筑物高度时，所得图为鸟瞰图[1]。

当建筑的平面与画面成某个角度时可求作两点透视

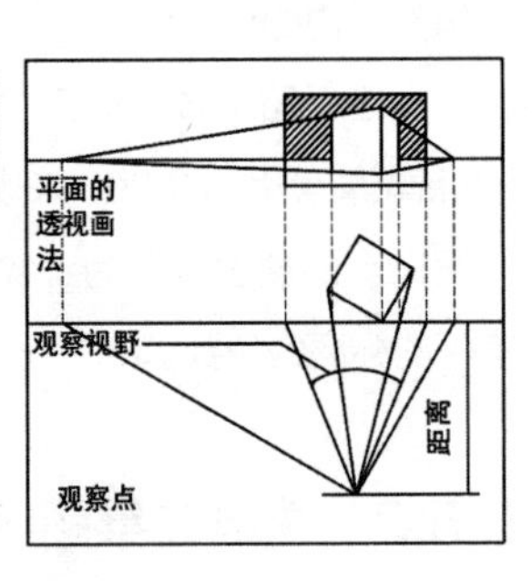

当建筑的平面与画面平行时可求作一点透视

平面的透视画法

视距越大灭点越远，建筑的透视越平缓，直至成为正立面图

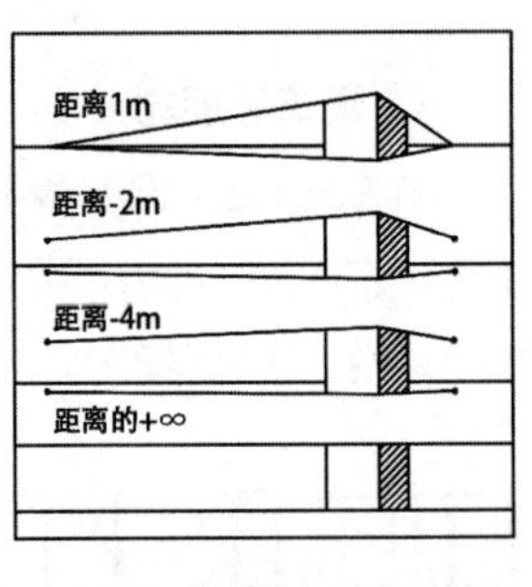

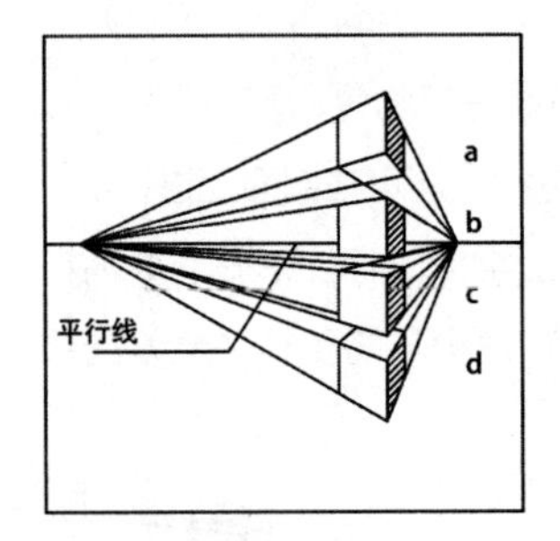

视高由小趋大的变化使透视由仰视渐变为俯视

视角的变化改变了透视图中两个面的大小和形状

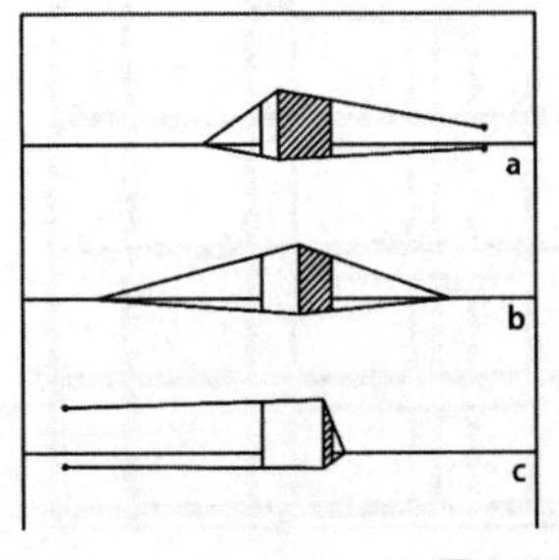

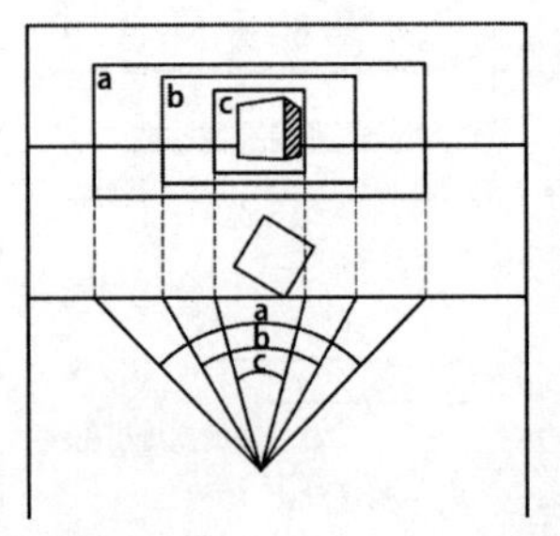

视野边界线之间角度的变化对画面选取范围产生影响，该图中的b画面最为合适

图 6-67 透视原理

表现图中除基本透视轮廓的绘制，阴影、色彩、材质的适当表达都能使画面表达更加真实、丰富、和谐。

2）建筑总平面图

总平面图需标明红线范围，地形地貌，道路布局，基地临界情况，与原有建筑关系，室外场地，绿化布置等，标示建筑物标高，建筑主次入口，场地主次入口，还可利用阴影来表示阳光投射下建筑相互之间、建筑与场地之间在高度上的联系。图上需标注用来表示建筑与地理方位关联的指北针或风玫瑰图，图名及比例。

3）建筑平面图

平面图的表达包括建筑中墙柱、门窗、楼梯踏步、家具设施等的尺寸和位置、门窗开启方向等。平面图中用不同粗细的线条来表达不同的建筑信息。平面图中还需注明本层平面的尺寸、轴线、标高（包括有变化处的标高）以及每张图的图名和图例，必要时可绘制局部平面的放大图 [1]。

建筑平面图首先应绘制墙身定位轴线及柱网；其次绘制墙体、柱子、门窗洞口等各种建筑构配件；再绘制楼梯、散水、台阶等细部；进行图面线条加粗，门窗编号，标注剖切位置、标高、房间名称等；进行尺寸标注；最后标明图名、比例及其他文字等。

首层平面还应标注剖切线表示剖面图的剖切位置、正视方向及剖面图编号、室外地坪的标高、建筑与室外地坪间高差的衔接方式 [1]，并适当表达与建筑有关的台阶、散水、花池等外部环境。二层或二层以上平面图需图示下面一层的雨篷、屋顶或窗户等可见构件的轮廓。

4）建筑立面图

立面图可表达建筑体量、尺度和高度的变化及门窗、入口和材质细部等的设计 [1]。在立面图中加入阴影、质感的渲染可将建筑体量间的凹凸关系、建筑材料的变化表现得更加准确和生动；加入人、树等配景能够与建筑在尺度上形成对比，从而更好地衬托出建筑体量的大小和变化 [2]。立面图上需标注关键标高、图名和比例。此外，主入口所在立面是必须要表达的立面 [1]。

建筑立面图首先应绘制室外地平线，定位轴线、各层楼面线和屋檐线；其次画各种建筑构配件的可见轮廓，如门窗洞口、楼梯间、阳台、墙身、露出在外墙外的柱子等；再画门窗、雨水管、外墙分割线、线脚等建筑细部；后标注尺寸、标高、墙面文字说明；最后标明图名和比例。

立面图所有可见轮廓线均用细线绘制，为了强调建筑形象，建筑轮廓线及地坪线应加粗。

5）建筑剖面图

剖面图的剖切位置可灵活选取，但需表达出尽可能清晰全面的建筑内部空间信息，因此可选在建筑上下楼处、层高度和层数变化或者空间关系较为复杂处进行剖切。剖面图还应标注各层楼面、屋顶、室外地坪、阳台、出挑物等关键标高，并注明图名和比例。

建筑剖面图首先应绘制地坪线、定位轴线、各层的楼面线；其次绘制各层楼板、柱子、梁的轮廓线；再绘制墙体、门窗洞口位置、楼梯平台、女儿墙、檐口及其他可见轮廓线；后画各种梁的轮廓线以及断面，楼梯、台阶及其他可见的细节构件，并填充楼梯、墙体、楼板、梁、柱等剖到结构的材质；然后进行图面线条加粗，标注尺寸、标高和相关注释文字、索引符号等；最后标明图名、比例及其他文字等。

剖面宜剖切到楼梯间。相邻的立面图或剖面图，宜绘制在同一水平线上，图内相互有关的尺寸及标高，宜标注在同一竖线上 [5]。

同平面图相似，剖面图中也用不同粗细的线条来表达不同的建筑信息，最粗一级的线条表达剖切到的墙、柱、楼板、梁等结构，次粗一级的线条表达的是未被剖切到的建筑、结构、门窗、家具等物体的可见轮廓线，最细一级的线条则表达材质划分及其他细节信息。

6.6 练习与点评

6.6.1 练习题目：场地与组合

教学目的

（1）理解场地分析的内涵。通过本次设计，了解场地分析的概念和基本的分析要点，包括场地的自然条件，场地的建设条件，场地的公共限制和场地的建筑艺术元素。掌握基本的场地分析的方法。

（2）加深对功能空间组合的理解：进一步加深对于建筑功能空间组合的理解，训练多功能复合空间的组合方法。

（3）训练体块组合手法：训练不同的空间体块一体化组合的方法，使建筑设计训练目标逐渐复杂化。

（4）注意楼梯等竖向单元的实际运用：在前面楼梯设计训练的基础上，逐渐加强设计的功能性要求，了解建筑单元间的竖向单元——楼梯在建筑设计中的实际运用。

作业内容

（1）场地要求：在哈工大二校区任选 10m×10m 的场地作为基地，在基地内进行建筑和场地设计。

（2）建筑面积：每个单元空间体块为 4m×6m×3m；每两个单元空间组合为一个组合体，组合体中可附加一个辅助空间，但是体块控制在 4m×2m 的范围内，高度不超过 3m，形状不限。

（3）功能：如宿舍、办公、作坊、仓买、游戏厅、展厅、画廊、阅览等，与大学生活有关的，符合基地性质的功能都可选择。

成果要求

（1）提交一个工作模型，模型比例为 1：50，材料不限（图 6-68）。

图 6-68　工作模型示意图

（2）提交 1 张 A1 图纸文件，包括单元空间各层平面（1：50），单元的立面图 2 个（1：50）、剖面图 1 个（1：50），轴测图一个，总平面图（1：200），尺规绘制；实体模型照片、设计说明与分析图等。

6.6.2 作业点评

1）作业 1 点评

本次作业为小型咖啡厅设计。手法上以单元的集合构成整体，通过合理的组合满足功能需求及使用者的精神需求。

如图 6-69、图 6-70 所示，整体为二层布局，其中一层采用折角的开窗方式，增加采光及采景面积，结合天窗以增加室内光影变化，在物质及精神层面提升内部空间品质；如图 6-71、图 6-72 所示，二层通过室内楼梯进入，并充分利用上下两部分体块错位形成的室外平台，增加二层空间的趣味性与多变性，为使用者提供丰富的空间感受。总平布置较为合理（图 6-73）。

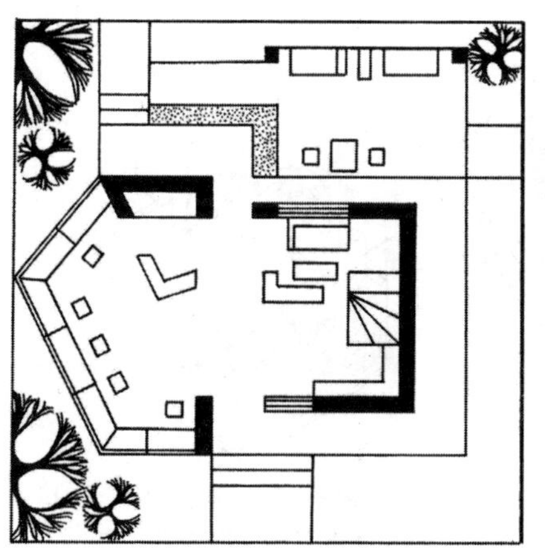

图 6-69　一层平面图

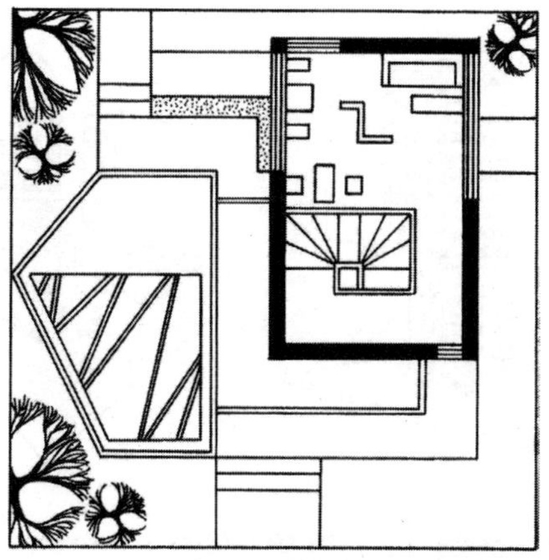

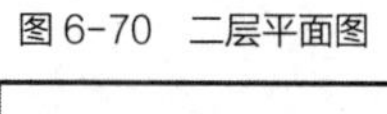

图 6-70　二层平面图

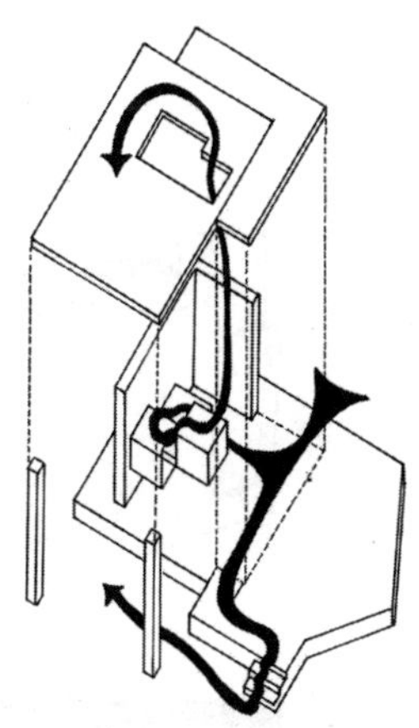

图 6-71　轴侧分析图

图 6-72　剖面图

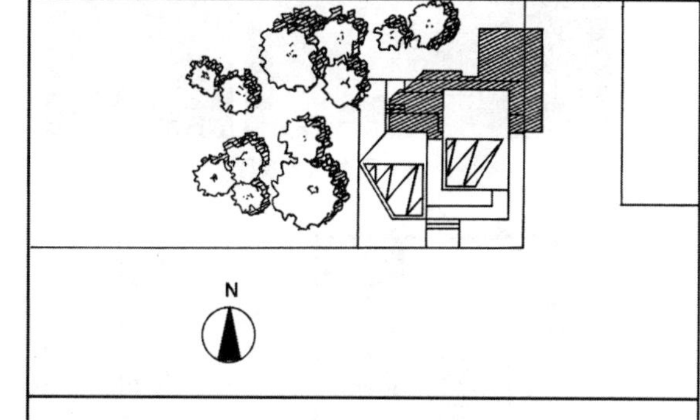

图 6-73　总平面图

立面上，建筑轮廓线均衡且变化丰富，给人协调感的同时烘托出建筑活泼自信的性格特点；开窗合理，在立面上形成了良好的图底关系与立面效果（图 6-74）。内部空间较合理，室内空间错落有致。模型较完整，体现建筑体量关系及光影效果。

2）作业 2 点评

本次小型咖啡厅设计，运用单元的集合构成整体，利用穿插、旋转等手法创造丰富的室内外空间（图 6-75）。

如图 6-76 所示，建筑为二层布局，一层空间布局合理，并结合外部空间创造更丰富、包容的室内外场所；二层通过室内楼梯进入，并使用透光性好的玻璃栏杆，增加小空间的通透性，增加二层空间的趣味性与多变性，为使用者提供丰富的空间感受（图 6-77、图 6-78）。

立面上建筑轮廓线引入斜线元素，以均衡为基础形成丰富的线条变化，体块穿插手法增强了建筑的进深感与光影的明暗变化；开窗上，虚实对比协调且布置较合理；材质上，运用三种材质形成适当的对比，增加了色彩的丰富性（图 6-79、图 7-80）。

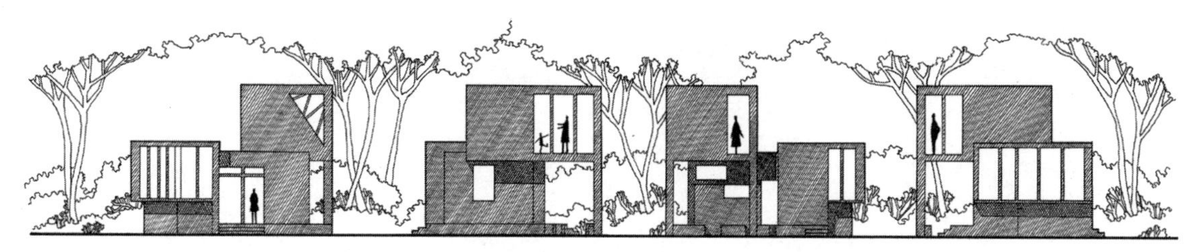

图 6-74　立面图

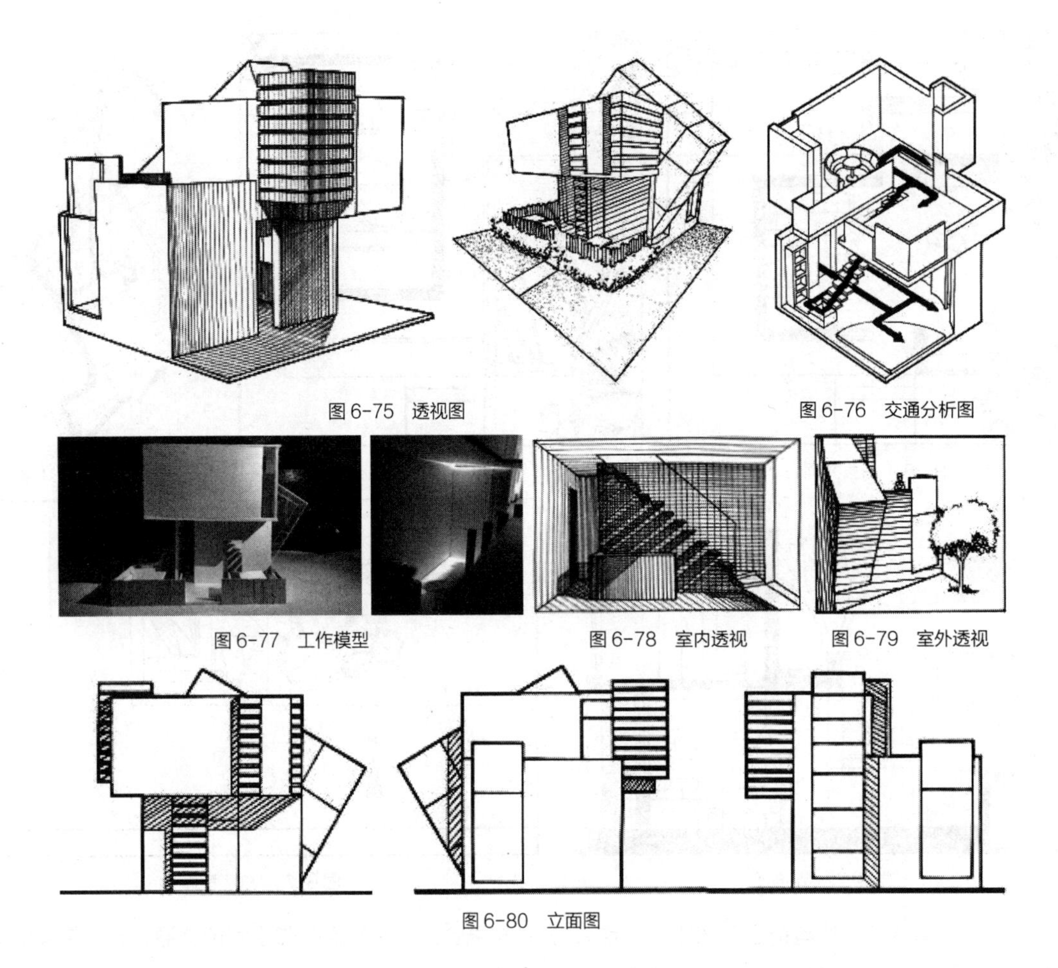

图 6-75 透视图

图 6-76 交通分析图

图 6-77 工作模型

图 6-78 室内透视

图 6-79 室外透视

图 6-80 立面图

本章参考文献

[1] 董功．场地与场所[J]. 城市环境设计，2015(Z2)：242.

[2] 李虎，黄文菁．退台方院，福州，中国[J]. 世界建筑，2015(3)：160-165.

[3] 哈尔滨大剧院，哈尔滨，中国[J]. 世界建筑，2016(2)：51-57.

[4] 郑时龄．建筑空间的场所体验[J]. 时代建筑，2008(6)：32-35.

[5] 秦川，叶莹，陈颢，相南．齐云山树屋[J]. 建筑创作，2019(1)：152-155.

[6] 孙凌波．图书馆，格罗苏普列，斯洛文尼亚[J]. 世界建筑，2007(9)：38-43.

图片来源 Picture Provenance

第 1 章图片来源

图 1-1，图 1-2，图 1-9 薛静自摄 .

图 1-3 Eugène Emmanuel Viollet-le-Duc. The Habitations of Man in All Ages [M]. Forgotten Books，2018.

图 1-4 至图 1-6 图片来源：https://www.paixin.com/，已购版权 .

图 1-7 彭一刚 . 建筑空间组合论 . 第三版 [M]. 北京：中国建筑工业出版社：2008：135.

图 1-8 杨敏 . 藏汉文化交融背景下丽江纳西族建筑五凤楼中的数学元素挖掘 [J]. 艺术科技， 2019 (9)：28-29.

图 1-10 吴卫光 . 围龙屋建筑形态的图像学研究 [M]. 北京：中国建筑工业出版社：2010：53.

图 1-11 《Svizzera 240: House Tour》视频截图

图 1-12 https:// commons.wikimedia.org/ wiki/ File:170923_Kodaiji_Kyoto_Japan14 n.jpg (来源于作者：663highland 的知识共享文件) .

图 1-13 http://www.ncn-se.co.jp/makehouse/architect/nakayama.

图 1-14、图 1-15 于戈根据《建筑学的研究方法》(第 2 版) 部分内容绘制

第 2 章图片来源

图 2-1 李之吉 . 中外建筑史 [M]. 北京：中国建筑工业出版社，2015：181.

图 2-2 汪晓茜，刘先觉 . 外国建筑简史 [M]. 北京：中国建筑工业出版社，2010：10.

图 2-3 邵郁摄制 .

图 2-4 汪晓茜，刘先觉 . 外国建筑简史 [M]. 北京：中国建筑工业出版社，2010：扉页 1.

图 2-5，图 2-6 刘松茯 . 外国建筑史图说 [M]. 北京：中国建筑工业出版社，2008：113，297.

图 2-7 潘午一绘制 .

图 2-8 https://www.paixin.com/，已购版权 .

图 2-9，图 2-10 魏欣欣 . 抽象的灵气——论康定斯基简单点线面形式构成理论对波洛克绘画语言的影响 [J]. 美与时代：下半月 (8)：84-86.

图 2-11 肖大维等 . 设计素描教程 [M]. 北京：中央广播电视大学出版社，2016：9.

图 2-12 https://www.paixin.com/，已购版权 .

图 2-13 李之吉 . 中外建筑史 [M]. 北京：中国建筑工业出版社，2015：243.

图 2-14 曾伟 . 西方艺术视角下的当代景观设计 [M]. 南京：东南大学出版社， 2014：126.

图 2-15 刘松茯 . 外国建筑史图说 [M]. 北京：中国建筑工业出版社，2008：313.

图 2-16 https://www.paixin.com/，已购版权 .

图 2-17 薛静绘制 .

图 2-18 建设部住宅产业化促进中心《2001 年获奖住宅试点校区实录》编写组 . 获奖住宅试点小区实录 [M]. 北京：中国建筑工业出版社，2001：206.

图 2-19 邵泽敏绘制 .

图 2-20 [美]Charles · Jencks 著 . 后现代主义的故事 [M]. 蒋春生，译 . 北京：电子工业出版社，2017：168.

图 2-21，图 2-22 图片来源：https://www.paixin.com/，已购版权 .

图 2-23 至图 2-26 邵泽敏绘制 .

图 2-27 乔云峰摄 .

图 2-28 李之吉 . 中外建筑史 [M]. 北京：中国建筑工业出版社，2015：254.

图 2-29 来自于 https://www.paixin.com/，已购版权 .

图 2-30 来自于图虫，已购版权 .

图 2-31 刘松茯 . 外国建筑史图说 [M]. 北京：中国建筑工业出版社，2008：335.

图 2-32 曾征 . 世界建筑旅行地图——荷兰 [M]. 北京：中国建筑工业出版社，2018：103.

图 2-33 图片来源：https://www.paixin.com/，已购版权 .

图 2-34，图 2-35 汪晓茜，刘先觉 . 外国建筑简史 [M]. 北京：中国建筑工业出版社，2010：扉页 13，扉页 11.

图 2-36 贝聿铭．日本美秀美术馆设计 [J]. 重庆建筑，2020，v.19；No.197(03):5.

图 2-37 柏玮婕绘制．

图 2-38 图片来自于图虫，已购版权．

图 2-39 至图 2-42a https://www.paixin.com/，已购版权．

图 2-42（b） 于思彤绘制．

图 2-43 石铁矛，李志明．国外著名建筑师丛书第一辑：约翰・波特曼 [M]. 北京：中国建筑工业出版社，2003：扉页 10.

图 2-44，图 2-45 https://www.paixin.com/，已购版权．

图 2-45 https://www.paixin.com/，已购版权．

图 2-46 李之吉．中外建筑史 [M]. 北京：中国建筑工业出版社，2015：276.

图 2-47 施小军．光宝灯技术擂台-23 拍摄水滴 [J]. 影像视觉，2007（05）：72-95.

图 2-48 安德鲁・齐约克．韵律与变异 [M]. 古红樱，译．北京：中国建筑工业出版社，2008：176，177.

图 2-49 刘松茯．外国建筑史图说 [M]. 北京：中国建筑工业出版社，2008：344.

图 2-50，图 2-51 来自于图虫，已购版权．

图 2-52 TatsukamiShinji. 日本视觉建筑之旅：图文版 [M]. 北京：人民邮电出版社，2013：13.

图 2-54，图 2-55 （德）卡斯滕・克罗恩．密斯・凡・德・罗建成作品全集 [M]. 梁雪，译．北京：中国建筑工业出版社．2018.

图 2-56 王悦然绘制

图 2-57 于戈自摄

图 2-58 黄居正，王小红．大师作品分析 3：现代建筑在日本 [M]. 北京：中国建筑工业出版社．2009.

图 2-59 王悦然绘制．

图 2-60 王悦然、刘浩成摄．

图 2-61 王悦然摄．

图 2-62，图 2-63 叶洋摄．

图 2-64 至图 2-69 齐思铭绘制．

图 2-70 至图 2-74 崔稀然绘制．

第 3 章图片来源

图 3-1 至图 3-4 殷青摄制．

图 3-5 https://www.paixin.com/photocopyright/39478825，已购版权．

图 3-6 https://www.paixin.com/photocopyright/217969896，已购版权．

图 3-7 至图 3-11 殷青摄制．

图 3-12 https://www.paixin.com/photocopyright/17485521，已购版权．

图 3-13 https://www.paixin.com/photocopyright/464986898，已购版权．

图 3-14 殷青绘制．

图 3-15，图 3-26 殷青摄制．

图 3-17 https://www.paixin.com/photocopyright/37963405，已购版权．

图 3-18 中国建筑学会总主编．建筑设计资料集第 3 版 [M]. 北京：中国建筑工业出版社，2017.

图 3-19 https://www.archdaily.cn/cn/768089/hai-bian-tu-shu-guan-zhi-xiang-jian-zhu-vector-architects?ad_source=search&ad_medium=search_result_all.

图 3-20 建筑设计指导丛书：博物馆建筑设计 [M]. 北京：中国建筑工业出版社，2002.

图 3-21 至图 3-24 殷青绘制．

图 3-25 杨健，戴志中．法则的诞生——维特鲁威《建筑十书》研究 [J]. 建筑师．中国建筑工业出版社，2009（01）：36-42.

图 3-26 殷青自绘．

图 3-27（法）勒・柯布西耶．模度 [M]. 张春彦，邵雪梅，译．北京：中国建筑工业出版社，2011-10：373.

图 3-28 作者自绘．

图 3-29 至图 3-32 张绮曼，郑曙旸．室内设计资料集 [M]. 北京：中国建筑工业出版社，1991-6.

图 3-33 殷青绘制．

图 3-34 建筑设计资料集（第三版）．第二分册 [M]. 北京：中国建筑工业出版社，2017：98.

图 3-35 建筑设计资料集（第三版）．第五分册 [M]. 北京：中国建筑工业出版社，2017：7.

图 3-36 建筑设计资料集（第三版）．第五分册 [M]. 北京：中国建筑工业出版社，2017：7.

图 3-37 建筑设计资料集（第三版）．第六分册 [M]. 北京：中国建筑工业出版社，2017：43.

图 3-38 建筑设计资料集（第三版）．第五分册 [M]. 北京：中国建筑工业出版社，2014：69.

图 3-39，图 3-40 （瑞士）W・博奥席耶．勒・柯布西耶全集．第 5 卷・1946 ~ 1952 年 [M]. 牛燕芳，程超，译．北京：中国建筑工业出版社．2005.

图 3-41 王悦然绘制．

图 3-42，图 3-43 刘松茯，孙巍巍．雷姆．库哈斯 [M]. 北京：中国建筑工业出版社．2009.

图 3-44 杨玉涵绘制．

图 3-35 丁文卓绘制．

图 3-46，图 3-47 刘思彤绘制．

图 3-48 至图 3-52 齐思铭绘制．

图 3-53 至图 3-57 钟怡洋绘制．

第 4 章图片来源

图 4-1 薛名辉绘制．

图 4-2 薛名辉摄

图 4-3 https://www.paixin.com/，已购版权．

图 4-4 薛名辉摄．

图 4-5 薛名辉绘制．

图 4-6 薛名辉摄．

图 4-7 薛名辉绘制．

图 4-8 MAT Office，已获版权．

图 4-9 https://www.paixin.com/，已购版权．

图 4-10 薛名辉摄．

图 4-11，图 4-12 薛名辉绘制．

图 4-13 薛名辉摄．

图 4-14 https://www.paixin.com/，已购版权．

图 4-15，图 4-16 马卫东．安藤忠雄全建筑：1970-2012 [M]. 上海：同济大学出版社，2012.

图 4-17 薛名辉摄．

图 4-18，图 4-19 薛名辉绘制．

图 4-20 https://www.paixin.com/，已购版权．

图 4-21 薛名辉绘制．

图 4-22 https://www.paixin.com/，已购版权．

图 4-23，图 4-24 薛名辉绘制．

图 4-25，图 4-26 薛名辉摄．

图 4-27 薛名辉绘制．

图 4-28 Google Earth.

图 4-29 至图 4-31 薛名辉绘制、摄制．

图 4-32 https://www.paixin.com/，已购版权．

图 4-33 至图 4-38 薛名辉绘制、摄制．

图 4-39 https://www.paixin.com/，已购版权．

图 4-40，图 4-41 MAT Office 事务所提供．

图 4-42 至图 4-44 https://www.paixin.com/，已购版权．

图 4-45 刘松茯．外国建筑历史图说 [M]. 北京：中国建筑工业出版社，2016.

图 4-46 https://es.wikipedia.org/wiki/Casa_Farnsworth

图 4-47 https://sq.wikipedia.org/wiki/Skeda: Fallingwater_-_DSC05598.JPG

图 4-48 https://www.paixin.com/，已购版权．

图 4-49 薛名辉摄．

图 4-50 https://zh.wikipedia.org/wiki/

图 4-51 薛名辉摄．

图 4-52 https://zh.wikipedia.org/wiki/

图 4-53 至图 4-55 薛名辉摄．

图 4-55 http://www.expo2010.cn/.

图 4-56，图 4-57 大师系列丛书编辑部编著．妹岛和世 + 西泽立卫的作品与思想 [M]. 北京：中国电力出版社，2005.

图 4-58 杨玉涵绘制．

图 4-59，图 4-60（日）藤本壮介．Sou Fujimoto Architecture Works 1995-2015[M]. 日本：TOTO. 2015.

图 4-61 杨玉涵绘制．

图 4-62，图 4-63 潘谷西．中国建筑史第六版 [M]. 北京：中国建筑工业出版社，2009.

图 4-64 至图 4-67 罗杰 • H • 克拉克，迈克尔 • 波斯．世界建筑大师名作图析 [M].，纪敏，包志禹，译．北京：中国建筑工业出版社，2018.

图 4-68 中国建筑工业出版社，中国建筑学会．建筑设计资料集第二分册 [M]. 北京：中国建筑工业出版社，2017.

图 4-69 黄居正，王小红．大师作品分析 3 现代建筑在日本 [M]. 北京：中国建筑工业出版社，2009.

图 4-70 彭一刚．中国古典园林分析 [M]. 北京：中国建筑工业出版社，1986.

图 4-71 至图 4-75 中国建筑工业出版社出版编辑部．中国建筑画选 [M]. 北京：中国建筑工业出版社，1999.

图 4-76 黄居正，王小红．大师作品分析 3 现代建筑在日本 [M]. 北京：中国建筑工业出版社，2009.

图 4-77 中国建筑工业出版社出版编辑部．中国建筑画选 [M]. 北京：中国建筑工业出版社，1999.

图 4-78 至图 4-82 齐思铭绘制．

图 4-83 至图 4-87 钟怡洋绘制．

第 5 章图片来源

图 5-1 至图 5-3 董宇自绘、自摄．

图 5-4 刘松茯．外国建筑历史图说 [M]. 北京：中国建筑工业出版社，2008.

图 5-5 至图 5-10 魏宏宇绘制．

图 5-11 齐梦晓绘制 .

图 5-12 卡斯滕·克罗恩 . 密斯·凡·德·罗建成作品全集 [M]. 梁蕾，译 . 北京：中国建筑工业出版社，2018.

图 5-13，图 5-14 齐梦晓绘制 .

图 5-15 至图 5-17 魏宏宇绘制 .

图 5-18，图 5-19 安藤忠雄 . 安藤忠雄论建筑 [M]. 白林，译 . 北京：中国建筑工业出版社，2003.

图 5-20 魏宏宇绘制 .

图 5-21 董宇自摄 .

图 5-22 傅克诚 . 槇文彦 FUMIHIKO MAKI[M]. 北京：中国建筑工业出版社，2014.

图 5-23 至图 5-31 魏宏宇绘制 .

图 5-32 W·博奥席耶 . 勒·柯布西耶全集第六卷 [M]. 牛燕芳、程超，译 . 北京：中国建筑工业出版社，2005.

图 5-33 格哈德·马克 . 赫尔佐格与德梅隆全集 [M]. 徐然，赵春水，张育南，王鑫，译 . 北京：中国建筑工业出版社，2005.

图 5-34 至图 5-37 魏宏宇绘制 .

图 5-38，图 5-39 余亦军 . KPF 建筑师事务所 [M]. 北京：中国建筑工业出版社，2007.

图 5-40 至图 5-44 齐梦晓绘制 .

图 5-45、图 5-47 刘松茯 . 外国建筑历史图说 [M]. 北京：中国建筑工业出版社，2008.

图 5-46 余亦军 . KPF 建筑师事务所 [M]. 北京：中国建筑工业出版社，2007.

图 5-48 魏宏宇绘制 .

图 5-49 芭芭拉·林茨 . 玻璃的妙用——国外建筑设计案例精选 [M]. 吉少雯，译 . 北京：中国建筑工业出版社，2014.

图 5-50 至图 5-52 魏宏宇绘制 .

图 5-53，图 5-54 李岑、王晓卉 . 特尔加诺住宅 [J]. 建筑创作 . 2014 (4) .

图 5-55 魏宏宇绘制 .

图 5-56 董功 . 三联海边图书馆 [J]. 建筑学报 . 2015(10).

图 5-57 王悦然绘制 .

图 5-58 至图 5-60 田学哲 . 建筑初步 [M]. 北京：中国建筑工业出版社，2010.

图 5-61 至图 5-64 齐思铭绘制 .

图 5-65 至图 5-67 崔稀然绘制 .

第 6 章图片来源

图 6-1，图 6-2 黄浩凌绘制 .

图 6-3 至图 6-5 余萍绘制 .

图 6-6 ，图 6-7 黄浩凌绘制 .

图 6-8 刘婧一绘制 .

图 6-9 余萍绘制 .

图 6-10 钟怡洋绘制 .

图 6-11 潘午一绘制 .

图 6-12，图 6-13 黄璐绘制 .

图 6-14，图 6-15 钟怡洋绘制 .

图 6-16，图 6-17 黄璐绘制 .

图 6-18 潘午一绘制 .

图 6-19 齐思铭绘制 .

图 6-20 至图 6-24 黄璐绘制 .

图 6-25 至图 6-28 保罗·拉索 . 图解思考——建筑表现技法 [M]. 北京：中国建筑工业出版社，2002. 98-99.

图 6-29，图 6-30 刘婧一绘制 .

图 6-31 黄璐绘制 .

图 6-32，图 6-33 苏万庆摄 .

图 6-34 至图 6-36 潘午一绘制 .

图 6-37，图 6-38 大师系列丛书编辑部编著 . 妹岛和世 + 西泽立卫的作品与思想 [M]. 北京：中国电力出版社，2005.

图 6-39 杨玉涵绘制 .

图 6-40，图 6-41 刘佳凝，庄惟敏 . 体验建筑——维特拉家具博物馆案例研究 [J]. 世界建筑 . 2014 (5) .

图 6-42 杨玉涵绘制

图 6-43 中国建筑标准设计研究院 . 建筑制图标准：GB/T 50104-2010[S]. 北京：中国计划出版社，2011.

图 6-44 中国建筑标准设计研究院 . 房屋建筑制图统一标准：GB/T 50001-2017[S]. 北京：中国建筑工业出版社，2017.

图 6-45 中国建筑标准设计研究院 . 总图制图标准：GB/T 50103-2010[S]. 北京：中国计划出版社，2011.

图 6-46 中国建筑标准设计研究院 . 建筑制图标准：GB/T 50104-2010[S]. 北京：中国计划出版社，2011.

图 6-47 连菲自绘 .

图 6-48 至图 6-50 中国建筑工业出版社，中国建筑学会 . 建筑设计资料集第一分册 [M]. 北京：中国建筑工业出版社，2017.

图 6-51 至图 6-54 舒平，连海涛，严凡，李有芳 . 建筑设计基础 [M]. 北京：清华大学出版社，2018.

图 6-55 至图 6-57 中国建筑工业出版社，中国建筑学会 . 建筑设计资料集第一分册 [M]. 北京：中国建筑工业出版社，2017.

图 6-58，图 6-59 丁沃沃，刘铨，冷天．建筑设计基础 [M]. 北京：中国建筑工业出版社，2014.

图 6-60 至图 6-66 中国建筑工业出版社，中国建筑学会．建筑设计资料集第一分册 [M]. 北京：中国建筑工业出版社，2017.

图 6-67 田学哲．建筑初步 [M]. 北京：中国建筑工业出版社，2010.

图 6-68 至图 6-74 钟怡洋绘制．

图 6-75 至图 6-80 崔稀然绘制．

后 记　　Postscript

设计基础教学是建筑学专业教育的核心。哈尔滨工业大学建筑设计基础教学团队在长期的设计教学实践中形成了自身的体系与特色。本书作为哈尔滨工业大学建筑空间设计教学成果的记录，是全体建筑设计基础课程教学组教师的辛劳成果。在此也感激全体老师对于设计基础教学的热忱奉献。

本书的编撰由多位教师共同参与，写作分工如下：全书结构由孙澄和邵郁共同确定，于戈负责统筹各章节框架。基础理论篇第 1 章由邵郁、于戈撰写；第 2 章由邵郁撰写；第 3 章由殷青撰写；第 4 章由薛名辉撰写；第 5 章由董宇撰写；第 6 章由郭海博撰写。案例研究篇由于戈整理。技能方法篇由连菲、叶洋撰写。练习点评篇由郭海博整理。邵郁、于戈完成全书的校对。薛静、谢依含、王卓立、吴城昱等多位研究生，王悦然、杨玉涵、王若冰、张子奇、朱聪哲、刘浩成、姜尚佑等本科生参与了图片的收集、绘制工作以及模型的制作、拍摄工作。学生作业篇中的设计作品，作者众多，在此不一一列举。为满足出版要求，我们在尽可能保留原有信息的基础上对图纸进行了筛选和编排。

我们尽量联系了书中图片的版权所有人，并获得授权使用，但仍有部分未能联系上版权所有者的图片，如相关图片所有者看到此书，请及时与编者联系，邮箱：guohb@hit.edu.cn，以便支付图片使用的相应稿酬。